钢筋连接套筒灌浆
质量管控·检测评估·性能提升

李向民　高润东　许清风　王卓琳　刘　辉　著

中国建筑工业出版社

图书在版编目（CIP）数据

钢筋连接套筒灌浆质量管控·检测评估·性能提升/
李向民等著. —北京：中国建筑工业出版社，2021.9（2022.7重印）
ISBN 978-7-112-26328-8

Ⅰ. ①钢… Ⅱ. ①李… Ⅲ. ①钢筋-套筒-灌浆-研
究 Ⅳ. ①TU755.6

中国版本图书馆 CIP 数据核字（2021）第 138798 号

责任编辑：王雨滢 刘婷婷
责任校对：党 蕾

钢筋连接套筒灌浆质量管控·检测评估·性能提升

李向民 高润东 许清风 王卓琳 刘 辉 著

＊

中国建筑工业出版社出版、发行（北京海淀三里河路9号）
各地新华书店、建筑书店经销
唐山龙达图文制作有限公司制版
北京建筑工业印刷厂印刷

＊

开本：787毫米×1092毫米 1/16 印张：12¼ 字数：304千字
2021年9月第一版 2022年7月第二次印刷
定价：58.00元
ISBN 978-7-112-26328-8
(37722)

前 言

随着《国务院办公厅关于大力发展装配式建筑的指导意见》（国办发〔2016〕71号）的发布，发展装配式建筑已经上升为国家战略，其中，装配式混凝土结构是推广的主要结构形式之一，而钢筋套筒灌浆连接又是装配式混凝土结构采用的主要连接方式。灌浆质量对保证装配式混凝土结构的整体性能至关重要，是其技术关键之所在。由于钢筋套筒灌浆连接构造复杂，又属隐蔽工程，灌浆质量实际控制难度较大。德国、日本、新西兰等发达国家主要依靠工人系统培训、合理工法和有效管理来保证灌浆质量。国内由于发展时间短且发展速度快、工厂制作精度偏低、现场工人培训不足、有效监管缺位等原因，灌浆质量仍存在不少问题，业界对此十分关注。

基于以上背景，课题组在总结国内外研究基础上，结合实地调研成果，分析了套筒灌浆存在的常见问题，提出了套筒灌浆质量管控的主要措施，研发了预埋传感器法、预埋钢丝拉拔法、钻孔内窥镜法、X射线数字成像法等四种检测方法，研究了套筒灌浆缺陷对接头和预制构件受力性能的影响，开发了套筒灌浆缺陷修复补灌技术，核心成果已获得技术专利授权。课题组集成了钢筋连接套筒灌浆质量管控、检测评估与性能提升成套技术，已被行业标准《装配式住宅建筑检测技术标准》JGJ/T 485—2019、上海市工程建设规范《装配整体式混凝土建筑检测技术标准》DG/TJ 08-2252—2018 和中国工程建设标准化协会标准《装配式混凝土结构套筒灌浆质量检测技术规程》T/CECS 683—2020 等多部标准采纳，并在大量实际工程中进行了推广应用，实现了技术专利化、专利标准化、标准产业化的良性循环，对促进我国装配式混凝土结构的健康发展具有重要意义。本著作致力于详细介绍各项关键技术的研发过程，以全面展示所编标准的理论依据、试验验证和工程实践，可供设计、构件制作、施工、检测咨询等单位相关工程师，以及高校相关专业本科生、研究生等学习参考。

本著作研究是在住房和城乡建设部、上海市科学技术委员会、上海市住房和城乡建设管理委员会和上海市建筑科学研究院（集团）有限公司的持续资助下完成的，在研发过程中得到了北京智博联科技股份有限公司管钧和张全旭、北京天助瑞邦影像设备有限公司谢莹和Zhou Xun、上海建科集团张富文和肖顺等的大力支持，并学习参考了国内外大量文献，在此一并表示感谢。同时，由于作者水平有限，缺点和疏漏在所难免，恳请大家不吝批评指正。

2020年春于上海建科集团

目 录

4　基于预埋传感器法的套筒灌浆饱满性检测技术研究 ▬▬▬ **044**

5　基于预埋钢丝拉拔法的套筒灌浆饱满性检测技术研究 ▬▬▬ **058**

1 绪论

1.1 概述

近年来，我国持续推进建筑工业化与住宅产业化，并积极鼓励装配式建筑的发展[1-1,1-2]，其中装配式混凝土结构得到了大力推广。装配式混凝土结构由预制混凝土构件连接而成，而钢筋的连接方式包括套筒灌浆连接、浆锚搭接连接与机械连接等，其中套筒灌浆连接在实际工程中应用最为广泛。

钢筋套筒灌浆连接技术是由美国工程院院士 Alfred Yee[1-3] 于 1968 年发明的，并被首次成功应用于夏威夷 38 层 Ala Moana 酒店的全预制装配式结构中，引起工程界轰动[1-4]。日本于 1972 年引进并改良了该技术，采用该技术建造的建筑表现出优异的抗震性能[1-5]。2007 年北京万科最先从日本引进了该技术[1-6]，随后该技术在我国得到了广泛的研究与应用[1-7~1-12]，并已纳入相关技术标准[1-13~1-18] 中。

装配式混凝土结构在地震作用下的破坏通常集中于连接部位，套筒灌浆连接的可靠性对装配式混凝土结构的整体安全性影响重大，因此应对套筒灌浆连接的质量进行严格管控。发达国家的建筑工业化起步较早，并于第二次世界大战之后兴盛起来，以应对战后房荒与劳动力紧缺的难题。然而，未见到国外有关套筒灌浆质量检测的文献报道，发达国家实施装配式混凝土结构主要依靠工人系统培训、合理工法与有效管理来保证套筒灌浆质量。近年来我国装配式混凝土结构发展迅速，但由于发展时间短，仍存在工厂制作精度不高、现场人员培训不足、监管不到位等现象，实际工程中套筒灌浆出现了一些质量问题，因此亟须实用的检测手段对套筒灌浆质量进行有效管控，并研发适用的套筒灌浆缺陷整治技术以恢复灌浆套筒的结构性能。

1.2 国内外研究现状

针对套筒灌浆连接的质量管控问题，学术界与工程界提出了许多无损、微损和有损检测技术可供使用，如预埋元件法、X 射线法、机械波法、电路法、成孔法、取样法等几大类，其中一些方法已纳入相关技术标准中。上海市工程建设规范《装配整体式混凝土建筑检测技术标准》DG/TJ 08-2252—2018[1-19] 已列举了预埋传感器法、预埋钢丝拉拔法、X

射线胶片成像法；安徽省地方标准《装配式混凝土结构检测技术规程》DB34/T 5072—2017[1-20]已列举了预埋传感器法、冲击回波法；山东省工程建设标准《装配式混凝土结构现场检测技术标准》DB 37/T 5106—2018[1-21]已列举了预埋传感器法、超声断层层析成像法。

1.2.1 套筒灌浆质量无损检测技术

在装配式混凝土结构套筒灌浆质量管控方面，学术界与工程界提出的无损检测技术主要包括预埋元件法、X射线法、机械波法与电路法等。

1.2.1.1 预埋元件法

预埋元件法是在试件内预埋检测元件对套筒灌浆饱满性进行检测，包括预埋传感器法、预埋钢丝拉拔法、预埋毛细管法。

（1）预埋传感器法

预埋传感器法的原理是：灌浆前在套筒出浆孔预埋阻尼振动传感器（图1-1），在灌浆过程中和灌浆料初凝前实时测量振动能量值。通过振动能量值的衰减情况来实时判断传感器是否被灌浆料包裹，从而确定套筒灌浆是否饱满。如发现不饱满情况，可立即进行二次灌浆，达到灌浆质量管控的目的。该方法又称为阻尼振动法，阻尼振动传感器可在激励驱动下产生振动，其振幅因阻力而随时间衰减[1-22]。当传感器周围的介质分别为空气、水、灌浆料时，阻尼系数依次增大，传感器振幅的衰减速率不断增加。

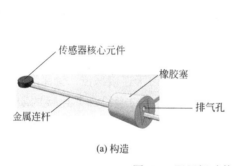

(a) 构造   (b) 现场布置图

图 1-1 阻尼振动传感器

Li 等[1-23]采用预埋传感器法在实验室与实际工程现场对套筒灌浆饱满性进行了检测研究，并给出了灌浆饱满性的判定准则：当振动能量值≤100时，判定为Ⅰ类，灌浆饱满；当100<振动能量值≤150时，判定为Ⅱ类，灌浆基本饱满；当振动能量值>150时，判定为Ⅲ类，灌浆不饱满。一般情况下，Ⅰ类、Ⅱ类不需处理，而Ⅲ类需要进行二次灌浆。

崔珑等[1-24]采用预埋传感器法对实际工程的预制混凝土剪力墙内套筒灌浆饱满性进行了检测，发现预埋传感器不仅可用于初次灌浆时的检测，还可用于漏浆后二次灌浆时的检测。

预埋传感器法可实时监测灌浆饱满性，从而实现灌浆质量的事中有效管控。目前，该方法已纳入上海市、安徽省与山东省的地方标准[1-19～1-21]中。

（2）预埋钢丝拉拔法

预埋钢丝拉拔法的原理是：灌浆前在套筒出浆孔预埋光圆高强不锈钢钢丝，待灌浆料灌注并养护一定时间后，对预埋钢丝进行拉拔，通过拉拔荷载值来判断灌浆饱满程度。高润东等[1-25,1-26] 采用预埋钢丝拉拔法对套筒灌浆饱满性进行了实验室与实际工程的检测研究，验证了该方法的可行性，并建议光圆高强不锈钢钢丝直径取 5mm，锚固长度取 30mm，灌浆料养护龄期选择 3d，钢丝长度酌情确定。预埋钢丝拉拔法常常与内窥镜法结合使用，以提高套筒灌浆缺陷判别的准确性。

在预埋钢丝拉拔法研究成果[1-25] 的基础上，高润东等[1-27] 提出了预埋非接触钢丝拉拔成孔法，并在实验室与实际工程现场开展了检测试验。该方法在套筒出浆孔管道内用透明塑料管将钢丝隔离，使其不与灌浆料接触，如图 1-2 所示。与预埋钢丝拉拔法相比，该方法取消了钢丝锚固段，可实现手动拉拔，便于实施。而且，预埋非接触钢丝拉拔成孔后，可以结合内窥镜检测套筒内灌浆饱满性及灌浆缺陷深度等[1-27]。

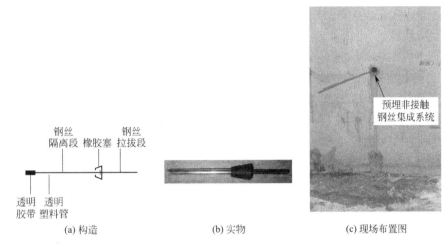

图 1-2   预埋非接触钢丝集成系统[1-27]

目前，预埋钢丝拉拔法已经过实际工程的检验，可对套筒灌浆饱满性进行有效检测。预埋的高强钢丝可重复使用，且检测设备和高强钢丝均较易获得。预埋钢丝拉拔法已纳入上海市工程建设规范《装配整体式混凝土建筑检测技术标准》DG/TJ 08-2252—2018[1-19] 中。

（3）预埋毛细管法

张亚梅等[1-28] 研发了一种预埋毛细管法，即在套筒出浆孔预埋毛细管，待灌浆结束且灌浆料凝结硬化后，通过压力注水仪向毛细管内注水，然后通过对比净注水量与注水阈值来确定灌浆饱满性，该方法工艺简单，在施工过程中可以比较准确地判断套筒灌浆饱满性是否合格。

1.2.1.2　X 射线法

X 射线能够穿透可见光无法穿透的物质，并具有在物质中衰减的特性，X 射线法正是基于此开发的一种无损检测方法。根据检测设备类型的不同，可分为 X 射线工业 CT 技术与便携式 X 射线技术。

（1）X射线工业CT技术

工业CT（Computed Tomography）技术即工业用计算机断层成像技术，能够以二维断层或三维立体图像的形式检测内部结构，是目前效果最佳的无损检测技术。X射线工业CT技术具有如下优势：①基本不受材料种类、外形、表面状况的影响；②结果直观，以图像灰度来分辨内部结构及缺陷情况，并可得到三维图像；③图像清晰、对比度高[1-29~1-32]。

高润东等[1-33]率先在实验室将X射线工业CT技术应用于套筒灌浆饱满性和密实性的检测，对测试试件进行了竖向与横向断层扫描和数字成像（Digital Radiography，DR）透视。肖杨等[1-34,1-35]与陶里等[1-36]也分别采用X射线工业CT技术研究了单独套筒的灌浆缺陷分布规律。研究结果[1-33~1-36]表明，X射线工业CT技术可明确区分出套筒内灌浆区域和未灌浆区域；该方法可排除钢筋、套筒外壁、混凝土等的遮挡，对双排套筒布置等复杂情形也有效；该方法能够清晰显示套筒内的灌浆缺陷。

目前，X射线工业CT技术已实现实验室套筒灌浆质量的有效检测。但由于X射线工业CT检测设备过于庞大且放射性非常强，无法实现工程现场检测，因此极大地限制了该方法的应用[1-37]。

（2）便携式X射线技术

由于X射线工业CT技术无法实现工程现场检测，开展了便携式X射线技术检测套筒灌浆饱满性和密实性的试验研究[1-37~1-40]。便携式X射线技术无需预埋元件，具有便携性，可用于工程现场检测。根据后期图像处理方式的不同，便携式X射线技术又可细分为X射线胶片成像法、X射线计算机成像（Computed Radiography，CR）法、X射线数字成像（Digital Radiography，DR）法。

张富文等[1-37]采用便携式X射线胶片成像法对200mm厚预制剪力墙的套筒灌浆密实性开展了实验室检测与实际工程现场检测。结果表明，对于单排居中或梅花形布置的套筒，便携式X射线胶片成像法都能对套筒灌浆缺陷做出明确判定。郭辉等[1-41]研究发现，便携式X射线胶片成像法对厚度超过230mm墙体内的套筒灌浆缺陷无法进行有效检测。

X射线胶片成像法成像较模糊，且需要后期洗片，效率较低[1-37]。X射线计算机成像法（CR法）属于间接二次成像（IP成像板→潜像形成→扫描读取→图像输出），成像环节较多，会造成部分有用信息丢失，信噪比降低，成像有些模糊。而X射线数字成像法（DR法）属于直接成像（平板探测器→图像输出），成像环节少，有用信息损失少，信噪比高，图像清晰度高[1-38]。李向民等[1-38]采用X射线数字成像法对预制剪力墙套筒灌浆质量进行了实验室和实际工程检测，研究结果表明，X射线数字成像法对预制剪力墙内单排居中或梅花形布置的套筒灌浆质量检测较为有效，而对双排对称布置的套筒灌浆质量检测时需辅以破损法；X射线数字成像法比X射线胶片成像法、X射线计算机成像法成像更为清晰[1-38]。刘艳琴等[1-42]研发了一种基于X射线技术结合半破损的检测方法，在不截断受力钢筋的前提下，局部剔凿构件混凝土，以便放置成像板透射成像。研究结果表明，该方法能够有效克服套筒布置形式及构件厚度的限制，且成像效果好，满足对套筒施工质量的判别要求。另外，王卓琳等[1-39]通过试验研究验证了X射线数字成像法在浆锚搭接灌浆密实性检测方面的有效性，同时也发现X射线数字成像法优于X射线胶片成像法和 X 射线计算机成像法。

由于钢筋套筒连接构造复杂，X 射线数字成像法的成像清晰度有待进一步提高；并且通过肉眼对图像进行定性判断，受主观因素影响较大，需要建立检测结果的定量评定标准。高润东等[1-40] 在实验室与实际工程现场检测的基础上，提出了基于 X 射线图像灰度变化的套筒灌浆缺陷识别方法，该方法不仅提高了 X 射线数字成像法的成像清晰度，而且采用灌浆区归一化灰度值实现了图像的定量识别。

目前，关于便携式 X 射线技术在套筒灌浆质量检测中应用的研究已较为充分，并且该方法在实验室与实际工程的现场检测中都得到了很好的验证。经过不断改进，该方法已发展得较为成熟有效。但是，该方法具有一定辐射，现场必须做好安全防护措施。

1.2.1.3 机械波法

机械波法是以机械波的传播为基础而开发的一类无损检测方法，主要有冲击回波法、反射波法、超声波法与声发射法等。

（1）冲击回波法

冲击回波法（Impact Echo Method，IE Method）最初由美国康奈尔大学以及美国国家标准与技术研究院（NIST）于 20 世纪 80 年代共同提出，是基于应力波的传播受固体介质特性影响的原理，可被用于混凝土的内部缺陷检测[1-43]，并于 2000 年被美国材料与试验协会（ASTM）确定为标准试验方法[1-44]。冲击回波法是利用激振锤在被测构件的混凝土表面击打，通过感应器接收到的频谱信息来分析混凝土内部缺陷情况。该方法可弥补超声波法两面布设换能器的不足[1-45]，并具有能量大、穿透力强、卓越频率分布广、现场操作方便等优点，被广泛应用于土木工程领域[1-46]。目前冲击回波法多用于厚大结构混凝土、预应力孔道灌浆和钢管混凝土等的密实性检测，国内外对此开展了大量的试验研究与工程应用，并取得了不错的效果[1-45,1-47~1-55]。

刘辉等[1-56] 采用冲击回波法对套筒灌浆密实性检测进行了试验研究，该方法的基本原理是：在套筒正上方沿纵向连续激振，应力波经过套筒内非密实区时将发生绕行，反射回来的用时变长，如图 1-3 所示，以此来判别套筒灌浆的密实区与非密实区。研究结果[1-56] 表明，对于钢筋套筒居中布置的试件，分布钢筋的存在对套筒灌浆密实性的定性判断没有影响，但会导致定量结果产生误差；对于钢筋套筒双排布置的试件，冲击回波法甚至无法定性判断灌浆密实区与非密实区。刘志豪[1-57] 也采用冲击回波法对套筒灌浆缺陷开展了室内试验研究与施工现场检测，研究结果同样表明，冲击回波法对于单排布置套筒具有一定的检测效果，对于双排布置套筒特别是仅有一侧的套筒存在缺陷时，检测难度很大。总体上看，目前采用冲击回波法检测套筒灌浆密实性具有一定的可行性，但仍需进一步改进检测方式和检测设备，以提高检测的准确性和可靠性。

（2）反射波法

反射波法的原理和冲击回波法类似，常用于基桩完整性检测[1-58]。该方法的基本原理是：在桩顶锤击激发出应力波，由于桩身缺陷会引起波阻抗（表示基桩对动量传递的抵抗能力）的变化，当应力波沿桩身向下传播至波阻抗变化的截面时就会反射，这将同时引起波形时域信号与频谱成分的改变。对反射回来的应力波信号进行处理分析，就可以识别出基桩的损伤状态[1-59,1-60]。由此可知，该方法的关键在于对应力波信号的处理分析。

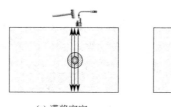

(a) 灌浆密实　　　　　　　(b) 灌浆不密实

图 1-3　冲击回波法检测原理示意图[1-56]

一些学者[1-59,1-61~1-66]为了检测基桩的缺陷，通过数值模拟得到大量含有不同缺陷基桩的响应时程曲线，利用小波分析对响应曲线进行分解，得到特征值与特征向量，同时建立特征向量与基桩缺陷水平之间的对应关系，该方法可实现基桩缺陷的智能化识别，避免人为主观因素的干扰。

韩笑等[1-67]从基桩缺陷检测中受到启发，将反射波法用于预制柱套筒灌浆缺陷检测。建立了有限元模型以获得不同损伤下的训练样本，采用 Sym8 小波对预制柱的加速度时程曲线进行分解，并通过 BP（Back Propagation）神经网络构建起特征向量和预制柱套筒连接段等效弹塑性损伤的对应关系。

反射波法可初步实现装配式混凝土结构的套筒灌浆缺陷的智能化识别，但目前尚缺乏实际工程应用的验证，仍需深入研究。

（3）超声波法

根据费马原理，超声波沿时程最短的路径传播。当结构中存在空洞等缺陷时，由于超声波在空气中的传播速度为 340m/s，而在钢材与混凝土中的传播速度高达 4000m/s ～ 6000m/s，故超声波会绕过缺陷区，沿耗时最小的路径传播[1-68~1-70]。因此可基于此原理对结构中的空洞等缺陷进行检测。

目前超声波法在钢管混凝土质量检测的研究较多，并发展出了首波声时法、波形识别法和首波频率法[1-71~1-76]。其中，首波声时是探头接收到首波（最先到达的一条超声波）的声时参数，受外界干扰较小[1-71]。

由于套筒灌浆连接和钢管混凝土在形式上相似，因此有学者尝试将超声波法应用于套筒灌浆缺陷的检测。聂东来等[1-77]采用首波声时法对套筒灌浆密实性检测开展了试验研究，Yan 等[1-78]对单独套筒与剪力墙中套筒的灌浆密实性进行了超声波检测。研究结果表明，套筒连接中灌浆缺陷的存在使超声波的传播速度与振幅均发生衰减，而缺陷区与非缺陷区的声速值具有明显的界限，从而可检测出灌浆缺陷的位置；同时根据超声波的传播速度与振幅值可有效区分灌浆套筒和未灌浆套筒[1-77,1-78]。

还有学者对超声波法进行改进后用于套筒灌浆缺陷的检测。姜绍飞等[1-79]从理论上推导了超声波首波的传播路径，提出了基于 t 分布的超声波法，并在实验室证实了该方法适用于小样本抽样的套筒灌浆密实性检测。Li 等[1-80]提出了一种基于小波包能量的超声波检测方法，对包裹混凝土的套筒灌浆密实性开展了试验研究，该方法可有效检测出达到一定尺寸的灌浆缺陷，但仍无法排除钢筋的影响。Li 等[1-81]采用超声导波（即经介质边界制导传播的超声波）法对套筒灌浆缺陷进行了检测研究，并提出了能够反映灌浆缺陷水平的损伤指数。

目前超声波法对于单排布置钢筋套筒灌浆质量的检测具有一定的适用性，而实际工程中还存在双排布置情况，检测难度很大。采用超声波法需要在试件两侧对应位置分别布置发射与接收换能器，检测条件要求较高。另外，超声波法只能定性分析是否有灌浆缺陷，不能给出缺陷的大小[1-77,1-82]。

（4）声发射法

声发射（Acoustic Emission，AE）是材料在变形过程中因能量快速释放而产生瞬态弹性波的现象[1-83~1-85]。声发射波来自被测物体本身，无需外部设备提供，材料的弹性变形、塑性变形、断裂、损伤等都是声发射源。声发射波的频率范围十分宽广，从数赫兹到数兆赫兹，所以声发射法的灵敏度非常高[1-86]。由于材料内部损伤可能很小，其声发射信号很微弱，因此需要先借助传感器进行探测，再利用放大器进一步放大，然后通过分析系统处理信号，最终进行检测评估[1-87]，声发射法检测的整个流程如图1-4所示[1-88]。

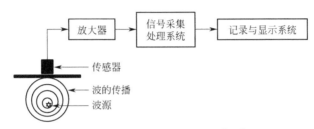

图1-4 声发射法检测流程图[1-88]

声发射技术起始于20世纪30年代，最初被用于矿山岩石爆破、地质工程、航空航天等领域[1-89]。20世纪50年代后，学者们开始研究混凝土材料受力后的声发射特性[1-90~1-94]。最近二十多年，声发射技术被广泛应用于桥梁、大坝等基础设施以及建筑结构的检测[1-94~1-98]。目前，声发射法检测已成为复合材料、压力容器、金属加工、钢结构、混凝土结构等领域的材料损伤识别与评估的重要方法[1-99,1-100]。

Parks等[1-101]采用声发射技术对全灌浆套筒与半灌浆套筒的受力破坏模式进行了试验研究，发现声发射技术可用于识别前者的钢筋断裂失效模式与后者的钢筋拔出失效模式。同时，对采用套筒灌浆连接的预制混凝土柱-基础和柱-墩帽的受力破坏过程进行了声发射监测，监测到了混凝土的裂缝发展以及柱身的旋转变形。但并未对套筒灌浆质量进行检测研究。

声发射法具有敏感性高、受构件形状影响小、对外部环境适应性强、效率高等优点；但也存在易受机电噪声干扰、具有不可逆性且对操作人员技术水平要求高、只能定性分析等不足[1-102]。目前，还没有专门针对套筒灌浆密实性的声发射检测的研究与应用，需进行可行性研究。

1.2.1.4 电路法

电路法是利用电路原理而开发的检测方法，包括电阻法与压电阻抗法。

（1）电阻法

套筒内灌浆料具有导电性，且其导电性随着灌浆料水化时间的增加而下降，电阻法正是利用这一特性来检测套筒灌浆是否饱满[1-103]，其检测装置如图1-5所示。郭辉等[1-103]在实验室采用电阻法对套筒灌浆饱满性进行了检测研究，研究结果发现，该方法可以对套筒灌浆饱满性进行有效判别，一般在灌浆结束2h后进行检测。该方法目前尚处于研究阶段，缺乏实际工程的验证。钱冠龙等[1-104]也提出一种灌浆饱满性检测装置及方法，灌浆前在接头内或构件底部填充灌浆料的空腔的检测部位设置检测线金属测点，在灌浆过程中以及灌浆后的一段时间内，使用专用检测装置分别向各条检测线提供直流电，通过专用检测装置的指示灯点亮与不亮显示的检测线端电路导通与不通状态，判断灌浆接头或构件底部灌浆腔内测点位置处的灌浆料饱满情况。该方法简单直观，但尚需实际工程验证。

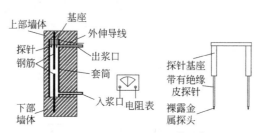

图 1-5　电阻法检测装置[1-103]

（2）压电阻抗法

压电材料具有压电效应，即所施加的机械力与电荷之间存在相关关系。将压电元件置于结构表面或内部，可根据其返回的电信号来判断结构的损伤状态，这就是压电阻抗技术用于结构损伤检测与监测的基本原理[1-105]。20 世纪 90 年代，Liang 等[1-106] 最早将压电阻抗技术应用于结构健康监测中；随后该方法在结构损伤识别与损伤检测中得到了广泛应用[1-107～1-113]。

陈文龙等[1-114]采用压电阻抗技术对套筒灌浆密实性检测进行了试验研究，发现可根据电信号频谱曲线的谐振频率和峰值变化对套筒灌浆密实性进行判断。但是，该方法目前尚处于研究阶段，缺乏实际工程的验证。

以上无损检测方法均是针对现有套筒形式开展的，苗启松等[1-115]另辟蹊径，对套筒构造做了改进，发明了一种新型套筒，即在套筒出浆孔上部预留一个孔，通过该孔伸入内窥镜可检测套筒灌浆饱满性，如检测灌浆不饱满，还可以通过该孔进行补灌。该方法融合检测与补灌于一体，也属于无损检测方法，具备较好的应用前景。

1.2.2　套筒灌浆质量微/破损检测技术

尽管研发了较多的套筒灌浆无损检测技术，但由于实际工程中套筒灌浆质量问题非常复杂，且部分无损检测技术需要在灌浆前预埋相关的测试元件，因而无损检测技术还不能全面有效地检测套筒灌浆缺陷。学术界与工程界又提出了很多微损和破损检测技术，主要包括成孔法与取样法等。

1.2.2.1　成孔法

成孔法是在套筒出浆孔或套筒壁上形成孔道，成孔后采用内窥检查设备对套筒内部灌浆情况进行检测的方法，包括预成孔内窥法与钻孔内窥镜法。

（1）预成孔内窥镜法

孙彬等[1-116]采用预成孔内窥镜法在实验室对预制剪力墙套筒灌浆的饱满性进行了检测研究，设计了一种新型预成孔装置，如图 1-6 所示。该装置由成孔

图 1-6　预成孔装置[1-116]

棒及其外侧包裹的热缩材料、橡胶塞组成。灌浆结束后将该装置放入出浆孔，待灌浆料凝固后取出成孔棒即可形成检测孔道，再利用内窥镜检测灌浆饱满情况及缺陷深度。

因未灌满或回流导致的灌浆缺陷一般位于套筒顶部，采用预成孔内窥镜法对其进行检测是有效的。但是，若灌浆缺陷位于套筒中部或底部，则该方法就无法达到检测目的。而且，该方法需要预先埋置预成孔装置，对于未埋置预成孔装置的套筒无法进行检测。另外，该方法尚需实际工程的验证。

（2）钻孔内窥镜法

李向民等[1-117~1-120]采用钻孔内窥镜法在实验室与实际工程现场对套筒灌浆饱满性开展了检测研究。钻孔内窥镜法与预成孔内窥镜法的成孔方式不同，钻孔内窥镜法是在套筒出浆孔或出浆孔与灌浆孔连线任意位置处钻孔形成检测孔道，再利用内窥镜检测灌浆饱满性及缺陷深度。该方法适用于全灌浆套筒和半灌浆套筒内灌浆饱满性的检测，结果清晰直观，钻孔对套筒连接力学性能无明显不利影响，还可利用钻孔孔道对灌浆缺陷进行补灌修复，并且已经过实际工程的检验。该方法最大的优势在于不需要预埋检测元件，可实现对检测位置的随机抽样。对于已建成的装配式混凝土结构，通过钢筋探测仪探测出套筒的位置即可进行有效检测。

1.2.2.2　取样法

取样法是通过直接或间接取出试样的方式来达到套筒灌浆检测的目的，包括套筒原位取样法与小直径芯样法。

（1）套筒原位取样法

石磊等[1-121]与崔珑等[1-122]从实际工程的预制混凝土剪力墙中抽样剔凿出钢筋套筒灌浆连接接头，通过力学性能试验对其施工质量进行了验证性检验。由于该方法对墙体有较大损坏，因此要选择受力较小的部位进行取样。剔凿出钢筋套筒连接接头后，要立即对剔凿位置进行修补整治，但修补整治较为复杂且效果有待检验。

（2）小直径芯样法

套筒与其内部的灌浆料都包裹在混凝土中，只在灌浆孔、出浆孔等处与外界相通。灌浆料强度是影响套筒连接性能的重要因素，因此毛诗洋等[1-123]参考钻芯法检测混凝土强度的思路[1-124]，提出了用于检测套筒灌浆料实体强度的小直径芯样法。截取套筒灌浆孔、出浆孔等处硬质聚氯乙烯（Polyvinyl Chloride，PVC）管内的灌浆料，加工成高径比为1∶1的小直径芯样，如图1-7所示，对其抗压强度进行测试。毛诗洋等[1-123]还提出了小直径芯样与标准试样的强度换算关系，从而对灌浆料的强度进行评估。

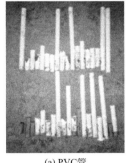

(a) PVC管　　　　　　　　(b) 内部灌浆料

图1-7　灌浆料小直径芯样[1-123]

小直径芯样法不会对结构造成损伤，可对套筒内灌浆料的强度进行评定，但该方法由于芯样直径小常导致检测结果离散性较大。

1.2.3 套筒灌浆缺陷评估与整治

采用适用的技术手段检测出套筒灌浆缺陷后，还应对缺陷的影响效应进行评估，并采用有效的整治修复措施保证结构安全。有关套筒灌浆缺陷评估及整治的研究可从三个层面进行阐述，分别是连接层面、构件层面与结构层面。

1.2.3.1 连接层面

李向民等[1-125] 和高润东等[1-126] 针对全灌浆套筒灌浆缺陷开展了单向拉伸试验研究，通过内置橡皮塞来准确模拟实际工程中的灌浆缺陷，考察了缺陷大小对钢筋套筒单向拉伸性能的影响规律。研究表明，对于常用型号的全灌浆套筒连接，当套筒端头灌浆缺陷长度不超过套筒内一侧钢筋锚固长度（$8d$）的 30% 时，其接头的单向拉伸强度仍能符合标准要求，而对于套筒中部灌浆缺陷则要求其长度不超过 15%。

郑清林等[1-127,1-128] 研究了灌浆缺陷对半灌浆套筒连接试件力学性能的影响效应，试验参数包括缺陷位置、缺陷长度、缺陷厚度、缺陷数量、灌浆方向、钢筋偏心与灌浆料种类等。研究表明，试件发生了钢筋拔出与钢筋拉断两种破坏模式；中部缺陷与水平缺陷的不利影响更为显著；偏心试件更易产生滑移，变形能力更差。

高润东等[1-129] 利用预埋钢丝拉拔法检测预留的孔道，在出浆孔进行扩孔注射补灌，对全灌浆钢筋套筒灌浆连接试件的灌浆缺陷进行修复整治，并通过单向拉伸试验评估修复效果。结果表明，当扩孔孔道内径与注射器外接透明软管外径之差不小于 4mm 时，能保证补灌灌浆饱满；且补灌后试件的单向拉伸强度满足行业标准《钢筋套筒连接应用技术规程》JGJ 355—2015[1-15] 的要求。李向民等[1-130] 通过试验提出并验证了在套筒不同位置修复灌浆缺陷的方法。结果表明，可通过注射器外接透明软管在套筒出浆孔直接注射补灌；或在套筒注浆孔与出浆孔连线上灌浆料液面最低处钻孔，并沿该孔道注射补灌，通过出浆孔出浆。不同位置补灌后套筒灌浆连接接头的单向拉伸性能均满足行业标准《钢筋套筒连接应用技术规程》JGJ 355—2015[1-15] 的要求。

1.2.3.2 构件层面

郑清林等[1-127,1-131] 进行了通过截短钢筋模拟灌浆缺陷的预制混凝土柱抗震性能影响规律的试验研究，结果表明，灌浆缺陷导致预制混凝土柱的承载力、刚度、延性与耗能能力均有所降低；对于缺陷最严重的预制混凝土柱，其外侧一排套筒均设置 50% 的灌浆缺陷，其承载力与刚度较无灌浆缺陷试件降低 10%～30%，延性系数降低 42%，耗能能力降低 5%～25%。

唐和生等[1-132] 基于文献 [1-131] 的试验数据，采用数值模拟方法研究了套筒灌浆缺陷对预制混凝土柱抗震性能的影响规律。结果表明，针对文献 [1-131] 中设置的缺陷大小情况，在弹性阶段，套筒灌浆缺陷对预制混凝土柱的承载力、刚度与延性均影响不大；而在塑性阶段，套筒灌浆缺陷会导致预制混凝土柱的承载力、刚度和延性都降低。

Parks 等[1-133] 通过包裹碳纤维（Carbon Fiber Reinforced Polymer，CFRP）布与安装锚杆，对加载预损后的套筒灌浆连接的预制混凝土桥梁墩柱进行修复，如图 1-8 所示。

结果表明，该方法将柱脚塑性铰位置转移至与修复区域相邻的柱区域，并且可将受损柱的承载力与变形能力恢复如初。

(a) 安装锚杆

(b) 包裹CFRP布并浇筑混凝土

图 1-8　受损预制混凝土桥梁墩柱的修复方法[1-133]

1.2.3.3　结构层面

灌浆缺陷对装配式混凝土整体结构性能影响规律的研究目前很少，Cao 等[1-134,1-135]对具有不同程度缺陷的装配式框架-剪力墙结构开展了静力推覆分析与地震易损性分析。结果表明，结构抗震性能受连接不足的影响很大，当缺陷发生率超过 25% 时结构无法满足抗震设计的要求。故后续应继续开展相关研究，以全面系统地评估套筒灌浆缺陷对装配式混凝土结构的整体结构静力、动力性能的不利影响。

1.2.4　国内外研究现状小结

（1）现有的套筒灌浆质量检测技术中，预埋传感器法、预埋钢丝拉拔法、钻孔内窥镜法、X 射线数字成像法等方法是相对方便、应用成熟、精确有效的方法。

（2）对于在建工程套筒灌浆事中检测和质量管控，建议采用预埋传感器法；对于已建工程套筒灌浆事后检测，建议采用钻孔内窥镜法，必要时可用 X 射线数字成像法或破损取样法进行补充校核；预埋钢丝拉拔法则适用于事中预埋、事后检测。

（3）后续可结合 5G（5th Generation）通信、人工智能、大数据等新技术，建立实际工程中套筒灌浆缺陷的数据库；并对预埋传感器法、钻孔内窥镜法和 X 射线数字成像法等方法进行优化升级；同时提出合理的检测抽样原则与抽样数量，进一步提高套筒灌浆质量检测的精度与效率。

（4）在套筒灌浆质量检测方法系统研究的基础上，应继续开展灌浆缺陷对装配式混凝土结构性能影响的深入研究，提出套筒灌浆缺陷检测、评估与整治的成套技术体系，为全面提高我国装配式混凝土结构的建造质量提供关键技术支撑。

1.3　基金资助

本著作主要基于住建部科研项目"装配整体式混凝土结构检测关键技术研究"（2017-K9-043），上海市科委科研项目"装配整体式混凝土建筑检测技术研究"（15DZ1203506）、"高层装配式混凝土结构检测技术研究"（16DZ1201805）和"装配式公共建筑关键节点无损检测与健康监测系统研究"（18DZ1205705），上海市住建委科研项目"预制混凝土结构套筒灌浆和嵌缝材料检测评估技术研究"(建管 2016-001-001)、上海市住建委标准项目《装配整体式混凝土建筑检测技术标准》编制(沪建标定〔2016〕589 号)、中国工程建设标准化协会标准项目《装配式混凝土结构套筒灌浆质量检测技术规程》编制(建标协字〔2017〕031号)、上海建科集团科研创新项目"装配式混凝土结构钢筋套筒灌浆密实度检测技术研究"(HT0216005D000)、"装配整体式混凝土结构钢筋套筒灌浆连接质量缺陷治理技术"(HT0217103J0201)、"套筒灌浆缺陷整治预制构件抗震性能的试验研究"(HT0219112J0301)和"装配整体式混凝土建筑关键检测能力建设"(HT0318116J0001)等项目的研究成果。初步形成了套筒灌浆质量管控、检测评估与性能提升的技术体系,具有较强的实用性,为保证我国正在大范围推广应用的装配式混凝土结构建造质量提供关键技术支撑。

1.4 章节安排

全书共分 13 章:1 绪论;2 钢筋连接套筒灌浆常见问题及分析;3 套筒灌浆工艺与质量管控研究;4 基于预埋传感器法的套筒灌浆饱满性检测技术研究;5 基于预埋钢丝拉拔法的套筒灌浆饱满性检测技术研究;6 基于钻孔内窥镜法的套筒灌浆饱满性检测技术研究;7 基于 X 射线数字成像法的套筒灌浆饱满性和密实性检测技术研究;8 套筒灌浆缺陷对接头受力性能的影响研究;9 套筒灌浆缺陷对装配式混凝土构件性能的影响研究;10 套筒灌浆缺陷修复注射补灌技术研究;11 装配式混凝土构件套筒灌浆缺陷整治后性能提升研究;12 工程案例;13 总结与展望。

参考文献

[1-1] 中华人民共和国国务院办公厅. 国务院办公厅关于大力发展装配式建筑的指导意见(国办发〔2016〕71 号)[R]. 2016-09-30.

[1-2] 中华人民共和国住房和城乡建设部."十三五"装配式建筑行动方案(建科〔2017〕77 号)[R]. 2017-03-23.

[1-3] Yee A. Splice Sleeve for Reinforcing Bars [P]. CA869257,1971-04-27.

[1-4] Cholewicki A. Load bearing capacity and deformability of vertical joints in structural walls of large panel buildings [J]. Building Science,1971,6(4):163-184.

[1-5] 李晓明. 装配式混凝土结构关键技术在国外的发展与应用 [J]. 住宅产业,2011,6(1):16-18.

[1-6] 秦珩,刘国极,李建树. 万科预制装配整体式剪力墙结构住宅建筑的技术特点与应用 [J]. 建筑技术开发,2011,38(7):55-58.

[1-7] Peng Yuan-Yuan,Qian Jia-Ru,Wang Yu-Hang. Cyclic performance of precast concrete shear walls with a mortar-sleeve connection for longitudinal steel bars [J]. Materials and Structures,2016,49(6):2455-2469.

[1-8] Lu Zheng,Wang Zixin,Li Jianbao,et al. Studies on seismic performance of precast concrete columns with grouted splice sleeve [J]. Applied Sciences,2017,7(6):571-590.

[1-9] 钱稼茹，韩文龙，赵作周，等. 钢筋套筒灌浆连接装配式剪力墙结构三层足尺模型子结构拟动力试验 [J]. 建筑结构学报，2017，38（3）：26-38.

[1-10] 马军卫，潘金龙，尹万云，等. 灌浆套筒连接全装配式框架-剪力墙结构抗震性能试验研究 [J]. 工程力学，2017，34（10）：178-187.

[1-11] Yan Qiushi，Chen Tianyi，Xie Zhiyong. Seismic experimental study on a precast concrete beam-column connection with grout sleeves [J]. Engineering Structures，2018，155：330-344.

[1-12] 郑清林，王霓，陶里，等. 套筒灌浆缺陷对装配式混凝土柱抗震性能影响的试验研究 [J]. 土木工程学报，2018，51（5）：75-83.

[1-13] 中华人民共和国住房和城乡建设部. GB/T 51231—2016 装配式混凝土建筑技术标准 [S]. 北京：中国建筑工业出版社，2017.

[1-14] 中华人民共和国住房和城乡建设部. JGJ 1—2014 装配式混凝土结构技术规程 [S]. 北京：中国建筑工业出版社，2014.

[1-15] 中华人民共和国住房和城乡建设部. JGJ 355—2015 钢筋套筒灌浆连接应用技术规程 [S]. 北京：中国建筑工业出版社，2015.

[1-16] 中华人民共和国住房和城乡建设部. JGJ 107—2016 钢筋机械连接技术规程 [S]. 北京：中国建筑工业出版社，2016.

[1-17] 中华人民共和国住房和城乡建设部. JG/T 398—2012 钢筋连接用灌浆套筒 [S]. 北京：中国标准出版社，2013.

[1-18] 中华人民共和国住房和城乡建设部. JG/T 408—2013 钢筋连接用套筒灌浆料 [S]. 北京：中国标准出版社，2013.

[1-19] 上海市住房和城乡建设管理委员会. DG/TJ 08-2252—2018 装配整体式混凝土建筑检测技术标准 [S]. 上海：同济大学出版社，2018.

[1-20] 安徽省住房和城乡建设厅. DB34/T 5072—2017 装配式混凝土结构检测技术规程 [S]. 合肥，2017.

[1-21] 山东省住房和城乡建设厅. DB37/T 5106—2018 装配式混凝土结构现场检测技术标准 [S]. 济南，2018.

[1-22] 戴德沛. 阻尼技术的工程应用 [M]. 北京：清华大学出版社，1991.

[1-23] Li Xiangmin，Gao Rundong，Wang Zhuolin，et al. Research on the Applied Technology of Testing Grouting Compaction of Sleeves Based on Damped Vibration Method [C]. Advances in Engineering Research（AER），2017，135：317-323. .

[1-24] 崔珑，刘文政，张效玲. 某装配式混凝土结构预制外墙套筒灌浆饱满度现场检测研究 [J]. 建筑技术，2018，49（S1）：169-170.

[1-25] 高润东，李向民，王卓琳，等. 基于预埋钢丝拉拔法的套筒灌浆饱满度检测技术研究 [J]. 施工技术，2017，46（17）：1-5.

[1-26] 李向民，高润东，王卓琳. 一种套筒灌浆质量的检测装置及检测方法 [P]. CN 107478512 B，2019-09-13.

[1-27] 高润东，李向民，刘辉，等. 预埋非接触钢丝拉拔成孔法检测套筒灌浆缺陷深度

试验研究 [J]. 施工技术，2019，48（9）：17-19.

[1-28] 张亚梅，石平府，熊远亮，等. 一种检测混凝土结构内部套筒灌浆饱满度的装置及方法 [P]. CN 108414433 B，2019-10-18.

[1-29] 倪培君，李旭东. 工业 X 射线 CT 的应用 [J]. CT 理论与应用研究，1997，6（3）：36-42.

[1-30] 王召巴，金永. 高能 X 射线工业 CT 技术的研究进展 [J]. 测试技术学报，2002，16（2）：79-82.

[1-31] 周密. 工业 X-CT 用新型 X 射线探测器性能的模拟研究 [D]. 重庆：重庆大学，2004.

[1-32] 卢彦斌. X 射线 CT 成像技术与多模态层析成像技术研究 [D]. 北京：北京大学，2012.

[1-33] 高润东，李向民，张富文，等. 基于 X 射线工业 CT 技术的套筒灌浆密实度检测试验 [J]. 无损检测，2017，39（4）：6-11.

[1-34] 肖杨. 基于 CT 技术的套筒灌浆连接件检测方法研究 [D]. 重庆：重庆大学，2018.

[1-35] 郑周练，肖杨，李栋，等. 基于 CT 技术的套筒灌浆连接件检测方法研究 [J]. 施工技术，2018 47（4）：69-74.

[1-36] 陶里，路利峰，徐文杰. X 射线检测套筒灌浆试件内部缺陷试验研究 [J]. 四川建筑科学研究，2018，44（1）：43-45.

[1-37] 张富文，李向民，高润东，等. 便携式 X 射线技术检测套筒灌浆密实度研究 [J]. 施工技术，2017，46（17）：6-9，61.

[1-38] 李向民，高润东，许清风，等. 基于 X 射线数字成像的预制剪力墙套筒灌浆连接质量检测技术研究 [J]. 建筑结构，2018，48（7）：57-61.

[1-39] 王卓琳，李向民，高润东，等. X 射线数字成像技术检测钢筋浆锚搭接灌浆密实度的试验研究 [J]. 施工技术，2018，47（10）：127-130.

[1-40] 高润东，李向民，许清风，等. 基于 X 射线数字成像灰度变化的套筒灌浆缺陷识别方法研究 [J]. 施工技术，2019，48（9）：12-16.

[1-41] 郭辉，徐福泉，代伟明，等. 便携式 X 射线检测钢筋套筒灌浆连接密实度试验研究 [J]. 施工技术，2018，47（22）：40-43.

[1-42] 刘艳琴，杨放，曹旷，等. 装配式结构套筒连接灌浆饱满度检测新方法——基于 X 射线技术的局部破损检测 [J]. 江苏建筑，2018，（6）：49-52.

[1-43] Carino N，Sansalone M，Hsu N. Flaw detection in concrete by frequency spectrum analysis of impact-echo waveforms [J]. International Advances in Nondestructive Testing，1986，12：117-146.

[1-44] ASTM C1383. Standard test method for measuring the P-wave speed and the thickness of concrete plates using the impact-echo method [S]. Annual Book of ASTM Standards，2000，1383（02，04）.

[1-45] Yamada M，Tagomori K，Ohtsu M. Identification of tendon ducts in prestressed concrete beam by SIBIE [M]. Nondestructive Testing of Materials and

Structures. Springer，Dordrecht，2013：59-65.

[1-46] 吕小彬，吴佳晔. 冲击波弹性理论与应用 [M]. 北京：中国水利水电出版社，2016.

[1-47] Jaeger B，Sansalone M，Poston R. Using impact-echo to assess tendon ducts [J]. Concrete International，1997，19（2）：42-46.

[1-48] Hill M，McHugh J，Turner J. Cross-sectional modes in impact-echo testing of concrete structures [J]. Journal of Structural Engineering，2000，126（2）：228-234.

[1-49] Colla C. Improving the Accuracy of Impact‐Echo in Testing Post‐Tensioning Ducts [C]. AIP Conference Proceedings. AIP，2003，657（1）：1185-1192.

[1-50] Olson L，Tinkey Y，Miller P. Concrete bridge condition assessment with impact echo scanning [M]. Emerging Technologies for Material，Design，Rehabilitation，and Inspection of Roadway Pavements. 2011：59-66.

[1-51] 罗骐先，傅翔. 冲击反射法检测混凝土内部缺陷与厚度的研究 [J]. 施工技术，1997，26（6）：25-27.

[1-52] 肖国强，陈华，王法刚. 用冲击回波法检测混凝土质量的结构模型试验 [J]. 岩石力学与工程学报，2001，20（10）：1790-1792.

[1-53] 王智丰，周先雁，晏班夫，等. 冲击回波法检测预应力束孔管道压浆质量 [J]. 振振动与冲击，2009，28（1）：166-169.

[1-54] 张东方，王运生. 冲击回波法在钢管混凝土拱桥检测中的研究 [J]. 工程地球物理学报，2009 6（3）：364-367.

[1-55] 朱绍华. 冲击回波法对钢桥面铺装层质量的检测 [J]. 无损检测，2015，37（4）：66-68.

[1-56] 刘辉，李向民，许清风. 冲击回波法在套筒灌浆密实度检测中的试验 [J]. 无损检测，2017，39（4）：12-16.

[1-57] 刘志豪. 基于冲击回波法灌浆套筒缺陷检测 [D]. 合肥：安徽建筑大学，2017.

[1-58] 刘明贵，佘诗刚，汪大国. 桩基检测技术指南 [M]. 北京：科学出版社，1995.

[1-59] 张良均，王靖涛，李国成. 小波变换在桩基完整性检测中的应用 [J]. 岩石力学与工程学报，2002（11）：1735-1738.

[1-60] 黄理兴. 桩身完整性的新理念 [J]. 岩石力学与工程学报，2002，21（3）：454-456.

[1-61] 刘明贵，岳向红，杨永波，等. 基于 Sym 小波和 BP 神经网络的基桩缺陷智能化识别 [J]. 岩土力学与工程学报，2007，26（S1）：3484-3488.

[1-62] 潘冬子. 小波分析及其在基桩完整性检测中的应用研究 [D]. 武汉：中国科学院武汉岩土力学研究所，2004.

[1-63] 王成华，张薇. 基于反射波法的桩身完整性判别的神经网络模型 [J]. 岩土力学，2003，24（6）：952-956.

[1-64] 蔡棋瑛，林建华. 基于小波分析和神经网络的桩身缺陷诊断 [J]. 振动与冲击，2002，21（3）：11-14.

[1-65] Li C, Ma J. Wavelet decomposition of vibrations for detection of bearing-localized defects [J]. Ndt & E International, 1997, 30 (3): 143-149.

[1-66] Liew K, Wang Q. Application of wavelet theory for crack identification in structures [J]. Journal of engineering mechanics, 1998, 124 (2): 152-157.

[1-67] 韩笑, 唐和生, 周德源. 基于 Sym 小波与 BP 神经网络的装配柱钢筋套筒灌浆连接缺陷检测方法 [J]. 结构工程师, 2018, 34 (6): 21-28.

[1-68] Del Río L, Jiménez A, López F, et al. Characterization and hardening of concrete with ultrasonic testing [J]. Ultrasonics, 2004, 42 (1-9): 527-530.

[1-69] Qasrawi H. Concrete strength by combined nondestructive methods simply and reliably predicted [J]. Cement and Concrete Research, 2000, 30 (5): 739-746.

[1-70] 檀永杰, 徐波, 吴智敏, 等. 基于超声对测法的钢管混凝土脱空检测试验 [J]. 建筑科学与工程学报, 2012, 29 (2): 102-110.

[1-71] 周先雁, 肖云风, 曹国辉. 用超声波法检测钢管混凝土质量的研究 [J]. 铁道科学与工程学报, 2006, 3 (6): 50-54.

[1-72] 中国工程建设标准化协会. CECS 21: 2000 超声波检测混凝土缺陷技术规程 [S]. 北京: 中国建筑工业出版社, 2001.

[1-73] 潘绍伟, 叶跃忠. 钢管混凝土拱桥超声波检测研究 [J]. 桥梁建设, 1997, (1): 32-35.

[1-74] 丁睿, 刘浩吾, 侯静, 等. 拱桥钢管混凝土无损检测技术研究 [J]. 压电与声光, 2004, 26 (6): 447-450.

[1-75] 童寿兴, 商涛平. 拱桥拱肋钢管混凝土质量的超声波检测 [J]. 无损检测, 2002, 24 (11): 464-466.

[1-76] 董清华. 混凝土超声波、声波检测的某些进展 [J]. 混凝土, 2005, (11): 32-35.

[1-77] 聂东来, 贾连光, 杜明坎, 等. 超声波对钢筋套筒灌浆料密实性检测试验研究 [J]. 混凝土, 2014, (9): 120-123.

[1-78] Yan Hua, Song Bo, Wang Mansheng. Ultrasonic Testing Signal of Grouting Defect in Prefabricated Building Sleeve [J]. Ekoloji, 2019, 28 (107): 945-953.

[1-79] 姜绍飞, 蔡婉霞. 灌浆套筒密实度的超声波检测方法 [J]. 振动与冲击, 2018, 37 (10): 43-49.

[1-80] Li Zuohua, Zheng Lilin, Chen Chaojun, et al. Ultrasonic Detection Method for Grouted Defects in Grouted Splice Sleeve Connector Based on Wavelet Pack Energy [J]. Sensors, 2019, 19 (7): 1642.

[1-81] Li Dongsheng, Liu Hui. Detection of sleeve grouting connection defects in fabricated structural joints based on ultrasonic guided waves [J]. Smart Materials and Structures, DOI: 10.1088/1361-665X/ab29b0, 2019.

[1-82] 高梓贤, 祝雯, 陈勇发. 钢筋套筒灌浆饱满度无损检测技术研究和应用现状 [J]. 广州建筑, 2018, 46 (5): 20-23.

[1-83] 陈忠购. 基于声发射技术的钢筋混凝土损伤识别与劣化评价 [D]. 杭州: 浙江大学, 2018.

[1-84] 《国防科技工业无损检测人员资格鉴定与认证培训教材》编审委员会. 声发射检测 [M]. 机械工业出版社, 2005.

[1-85] ASTM E1316. Standard terminology for nondestructive examinations [S]. ASTM Standards, 2011.

[1-86] 张鑫. 岩土 Kaiser 效应的物理模拟研究 [D]. 成都: 西南交通大学, 2015.

[1-87] 邵俊波. 基于声发射技术的土木结构损伤机理研究 [D]. 大连: 大连理工大学, 2017.

[1-88] 范宇恒. 基于声发射技术的混凝土试件弯曲损伤研究 [D]. 北京: 北京交通大学, 2017.

[1-89] Ono K. Application of acoustic emission for structure diagnosis [J]. Diagnostyka, 2011: 3-18.

[1-90] Rüsch H. Physical problems in the testing of concrete [J]. Zement-Kalk-Gips, 1959, 12 (1): 1-9.

[1-91] L'Hermite R. What do we know about plastic deformation and creep of concrete ? [M]. RILEM Bulletin, 1959, 1: 21-54.

[1-92] L'Hermite R. Volume Changes of Concrete, Chemistry of Concrete [C]. Proceedings of the Fourth International Synposium, Washington, US Department of Commerce, National Bureau of Standards Monograph, 1960, 43: 659-702.

[1-93] Robinson G. Methods of detecting the formation and propagation of microcracks in concrete [C]. Proceedings of International Conference on Structure of Concrete, 1965: 131-145.

[1-94] Green A. Stress wave emission and fracture of prestressed concrete reactor vessel materials [C]. Second Inter American Conference on Materials Technology, American Society Mechanical Engineers, 1970: 635-649.

[1-95] 沈功田. 声发射检测技术及应用 [M]. 北京: 科学出版社, 2015.

[1-96] Sagar R, Prasad B. A review of recent developments in parametric based acoustic emission techniques applied to concrete structures [J]. Nondestructive Testing and Evaluation, 2012, 27 (1): 47-68.

[1-97] Xu Jiangong. Nondestructive evaluation of prestressed concrete structures by means of acoustic emissions monitoring [D]. Auburn: University of Auburn, 2008.

[1-98] Olaszek P, Świt G, Casas J. Proof load testing supported by acoustic emission: an example of application [C]. Bridge Maintenance, Safety, Management and Life-Cycle Optimization: Proceedings of the Fifth International IABMAS Conference, Philadelphia, USA, 11-15, July, 2010, 133.

[1-99] 金伟良, 夏晋, 王伟力. 锈蚀钢筋混凝土桥梁力学性能研究综述 (I) [J]. 长沙理工大学学报: 自然科学版, 2007, 4 (2): 1-12.

[1-100] 马高. FRP 加固震损 RC 框架抗震性能试验与损伤评价研究 [D]. 哈尔滨: 哈尔滨工业大学, 2013.

[1-101] Parks J, Papulak T, Pantelides C. Acoustic emission monitoring of grouted

splice sleeve connectors and reinforced precast concrete bridge assemblies [J]. Construction and Building Materials，2016，122：537-547.

[1-102] 梅明星．基于声发射技术的损伤检测应用研究 [D]．南京：东南大学，2016.

[1-103] 郭辉，代伟明，刘英利，等．电阻法监测钢筋套筒灌浆饱满度试验研究 [J]．施工技术，2018，47（22）：37-39，95.

[1-104] 钱冠龙，郝敏，郭耀斌，等．一种对预制混凝土构件内灌浆料饱满度进行检测的装置和方法 [P]．CN 109374689 A，2019-02-22.

[1-105] 宋琛琛，谢丽宇，薛松涛．压电阻抗技术在结构健康监测中的应用研究 [J]．结构工程师，2014，30（6）：67-76.

[1-106] Liang C，Sun F，Rogers C. An impedance method for dynamic analysis of active material systems [J]. Journal of Vibration and Acoustics，1994，116（1）：120-128.

[1-107] Park G，Sohn H，Farrar C，et al. Overview of piezoelectric impedance-based health monitoring and path forward [J]. Shock and Vibration Digest，2003，35（6）：451-464.

[1-108] Park G，Inman D. Structural health monitoring using piezoelectric impedance measurements [J]. Philosophical Transactions of the Royal Society A：Mathematical，Physical and Engineering Sciences，2006，365（1851）：373-392.

[1-109] Annamdas V，Soh C. Application of electromechanical impedance technique for engineering structures：review and future issues [J]. Journal of Intelligent Material Systems and Structures，2010，21（1）：41-59.

[1-110] 王丹生，朱宏平，陈晓强，等．利用压电自传感驱动器进行裂纹钢梁损伤识别的实验研究 [J]．振动与冲击，2006，25（6）：139-142.

[1-111] 宋琛琛，谢丽宇，薛松涛．基于压电阻抗技术的螺栓松动监测试验研究 [J]．公路交通科技，2016，33（4）：113-119.

[1-112] 孙威，阎石，姜绍飞，等．基于压电陶瓷传感器的钢筋混凝土框架结构裂缝损伤全过程监测 [J]．建筑科学与工程学报，2013，30（4）：84-90.

[1-113] 蔡金标，吴涛，陈勇．基于压电阻抗技术监测混凝土强度发展的实验研究 [J]．振动与冲击，2013，32（2）：124-128.

[1-114] 陈文龙，李俊华，严蔚，等．基于压电阻抗效应的套筒灌浆密实度识别试验研究 [J]．建筑结构，2018，48（23）：11-16.

[1-115] 苗启松，徐建伟，苏宇坤．钢筋连接用灌浆套筒的可视检测及加固装置及方法 [P]．CN 109099986 A，2018-12-28.

[1-116] 孙彬，毛诗洋，王霓，等．预成孔法检测装配式结构套筒灌浆饱满度的试验研究 [J]．建筑结构，2018，48（23）：7-10.

[1-117] 李向民，高润东，许清风，等．钻孔结合内窥镜法检测套筒灌浆饱满度试验研究 [J]．施工技术，2019，48（09）：6-8，16.

[1-118] 许清风，李向民，高润东，等．一种基于钻芯成孔的套筒灌浆饱满度的检测方法 [P]．CN109211909A，2019-01-15.

［1-119］ 高润东，李向民，张富文，等．一种适用套筒中部灌浆缺陷的检测方法［P］. CN109490326A，2019-03-19.

［1-120］ 李向民，刘辉，高润东，等．用于套筒出浆孔管道钻芯成孔的超长小直径空心圆柱形钻头［P］. CN209491368U，2019-10-15.

［1-121］ 石磊，崔士起，刘文政，等．某装配式混凝土结构灌浆套筒连接钢筋接头施工质量检测处理实例［J］. 建筑技术，2018，49（S1）：179-180.

［1-122］ 崔珑，刘文政，韩颢．某装配式剪力墙结构套筒灌浆施工质量现场检测及鉴定分析［J］. 建筑技术，2018，49（S1）：171-173.

［1-123］ 毛诗洋，孙彬，张仁瑜，等．小直径芯样法检验套筒灌浆料实体强度的试验研究［J］. 建筑结构，2018，48（23）：1-6.

［1-124］ 中华人民共和国住房和城乡建设部．JGJ/T 384—2016 钻芯法检测混凝土强度技术规程［S］. 北京：中国建筑工业出版社，2016.

［1-125］ 李向民，高润东，许清风，等．灌浆缺陷对钢筋套筒灌浆连接接头强度影响的试验研究［J］. 建筑结构，2018，48（7）：52-56.

［1-126］ 高润东，李向民，张富文．不同位置灌浆缺陷对钢筋套筒灌浆连接接头强度影响的研究［J］. 施工技术，2019，48（18）：116-119，124.

［1-127］ 郑清林．灌浆缺陷对套筒连接接头和构件性能影响的研究［D］. 北京：中国建筑科学研究院，2017.

［1-128］ 郑清林，王霓，陶里，等．灌浆缺陷对钢筋套筒灌浆连接试件性能影响的试验研究［J］. 建筑科学，2017，33（5）：61-68.

［1-129］ 高润东，李向民，王卓琳，等．基于预埋钢丝拉拔法套筒灌浆饱满度检测结果的补灌技术研究［J］. 建筑结构，2019，49（24）：88-92.

［1-130］ 李向民，高润东，许清风，等．装配整体式混凝土结构套筒不同位置修复灌浆缺陷的试验研究［J］. 建筑结构，2019，49（24）：93-97.

［1-131］ 郑清林，王霓，陶里，等．套筒灌浆缺陷对装配式混凝土柱抗震性能影响的试验研究［J］. 土木工程学报，2018，51（5）：75-83.

［1-132］ 唐和生，凌塑奇，王霓．考虑灌浆缺陷的装配式混凝土柱抗震性能数值模拟［J］. 建筑结构，2018，48（23）：33-37，60.

［1-133］ Parks J，Brown D，Ameli M，et al. Seismic repair of severely damaged precast reinforced concrete bridge columns connected with grouted splice sleeves［J］. ACI Structural Journal，2016，113（3）：615-626.

［1-134］ Cao Z，Li Q. Seismic fragility analysis of precast RC shear wall-frame structures with connection defects［C］. 13th International Conference on Applications of Statistics and Probability in Civil Engineering（ICASP13），Seoul，South Korea，26-30，May，2019.

［1-135］ Cao Z，Li Q. Effect of Connection Deficiency on Seismic Performance of Precast Concrete Shear Wall-Frame Structures［J］. Journal of Earthquake and Tsunami，DOI：10.1142/S1793431119400050，2019.

2 钢筋连接套筒灌浆常见问题及分析

为深入了解套筒灌浆存在的问题，课题组在装配式混凝土结构发展较快的上海、江苏、安徽等地调研了 21 家构件厂和 18 个实际工程，基于实地调研成果，本章总结了现阶段钢筋连接套筒灌浆存在的突出问题，主要包括材料问题、连通腔失效、套筒出浆孔不出浆、套筒内浆体回流等，分析了发生的原因，并提出了针对性的解决策略[2-1]。

2.1 材料问题

2.1.1 灌浆料质量不符合标准要求

存在问题：灌浆时使用劣质灌浆料或过期灌浆料，回收利用超过初凝时间的灌浆料，误用座浆料或水泥砂浆等；由于灌浆设备老化导致动力不足或为了提高灌浆速度，随意增大水灰比。

解决策略：使用质量合格的灌浆料，并严格按照说明书提供的水灰比配置灌浆料拌合物；灌浆时按要求留置伴随试件并按期检测抗压强度。行业标准《钢筋连接用套筒灌浆料》JG/T 408—2013[2-2] 对套筒灌浆料抗压强度作出了明确规定：标准养护条件下，1d 抗压强度≥35MPa，3d 抗压强度≥60MPa，28d 抗压强度≥85MPa。严禁用座浆料或水泥砂浆代替灌浆料。定期维修灌浆设备确保动力适中。建立工地灌浆料入库登记备查制度，确保每个工地使用与套筒数量相配套的灌浆料总量。

2.1.2 钢筋锚固长度或锚固强度不足

存在问题：对于套筒内上下两段对接的钢筋，行业标准《钢筋套筒灌浆连接应用技术规程》JGJ 355—2015[2-3] 规定，全灌浆套筒上下两段钢筋在套筒内的锚固长度都不应小于各自直径的 8 倍。上段钢筋在构件厂施工，一般问题不大；下段钢筋需要在施工现场插入套筒内，有时由于构件生产或现场安装偏差过大导致下段钢筋无法就位（图 2-1），个别存在下段钢筋被割断（图 2-2）或长度不足的现象。另外，还存在由于钢筋未采取保护措施，现浇作业时砂浆溅到钢筋上，导致有些钢筋表面包裹了一层砂浆的情况（图 2-3、

图 2-4），而工程用混凝土强度等级一般在 C40 左右，其浆体强度远低于灌浆料强度，相当于在钢筋和灌浆料之间增加了一个薄弱层，会在一定程度上影响钢筋的锚固强度。

图 2-1　偏差过大钢筋无法就位

图 2-2　钢筋被割断

图 2-3　墙筋表面被浆体包裹

图 2-4　柱筋表面被浆体包裹

解决策略：合理使用预留钢筋定位板（图 2-5、图 2-6[2-4]），提高构件生产或现场安装精度，必要时采取合理的钢筋纠偏措施，严禁现场截断钢筋。为现场外露待插入套筒的钢筋设置防护措施，可采用循环使用的保护套，防止混凝土浆体溅射到钢筋表面形成锚固薄弱层；未采取防护措施的，如有浆体溅射到钢筋表面，在构件吊装前应采用钢丝刷对钢筋表面进行有效清理。通过研发大间距大直径钢筋连接、大间距高强钢筋连接、螺旋筋集中约束搭接连接等新型连接形式，增加钢筋间距、减少钢筋数量或采用大孔道集束连接，提升钢筋连接的便利性和可施工性。

图 2-5　剪力墙预留钢筋定位板

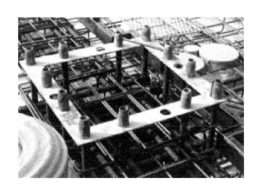

图 2-6　框架柱预留钢筋定位板

2.2　连通腔失效

存在问题：套筒灌浆连接一般采用分仓连通腔灌浆方式进行灌浆，即从一个套筒灌浆孔灌浆，浆体首先流入连通腔，然后再依次向上流入各个套筒，因此，连通腔封堵质量对能否成功实施灌浆至关重要。实际工程中，连通腔高低不平导致封堵施工质量差（图 2-7）、灌浆压力过大（图 2-8）、密封材料强度偏低或养护时间不充分等均可能导致后期灌浆时连通腔爆浆。

图 2-7　连通腔封堵施工质量差　　　　　　图 2-8　灌浆压力过大导致爆浆

解决策略：为确保外墙外侧灌浆时接缝不爆浆，可将连通腔基层外侧边缘找平，吊装时将橡塑棉用水泥钉钉到基层上，确保橡塑棉平直[2-5]。灌浆设备压力应适中，最后阶段实行点动灌浆。采用专用连通腔密封材料，确保养护龄期，严禁过早灌浆。在灌浆过程中，一旦发生连通腔爆浆，应立即敲除连通腔封堵材料并冲洗套筒和连通腔，待干燥后重新封堵，满足养护龄期后再重新灌浆。

2.3　套筒出浆孔不出浆

存在问题：构件生产或安装过程中套筒内落入堵塞物（图 2-9）或者套筒底部附近连通腔堵塞（图 2-10），均可能导致连通腔灌浆时套筒出浆孔不出浆。出现这些情况一般均对不出浆套筒进行单独灌浆。如果是套筒底部附近连通腔堵塞，单独灌浆是可行的；但如果是套筒中落入堵塞物，则单独灌浆时套筒出浆孔仍可能不出浆。对于出浆孔不出浆的情况，现场有时也有工人从出浆孔进行灌浆的情况，这是错误的。从出浆孔灌浆由于没有排气孔因而灌浆效果不佳，且出浆孔被封堵将影响后期的整治。连通腔灌浆时，某一分仓尚未灌满时恰逢灌浆机料斗中浆体用完，此时如灌浆料搅拌不及时，待套筒中浆体发生初凝时再灌浆也会导致套筒出浆孔不出浆，这种情况在夏季天气炎热时更易发生。另外，连通腔分仓过大（如超过标准规定的 1.5m 长度）、套筒底部因连通腔封堵料嵌入太多、橡胶条跑位严重等情况均会导致套筒出浆孔不出浆。

图 2-9　残渣易落入套筒内部 图 2-10　残渣易堵塞连通腔

解决策略：构件出厂检查和进场验收时，检查套筒内部是否有堵塞，如发现堵塞及时清除。构件吊装就位前仔细检查连通腔位置是否有杂物，连通腔周边封堵前再次检查连通腔内是否有杂物。正式灌浆前借助空压机全数通气检查，最后确认套筒内部是否存在堵塞，这时如存在堵塞特别是当堵塞物卡在钢筋和套筒内壁之间时，可伸入可弯折铁丝进行疏通，但操作难度较大。灌浆机灌浆和灌浆料搅拌应同步进行，灌浆机料斗中的灌浆料接近用完时应及时添加搅拌好的灌浆料，确保灌浆的连续性。严格限制分仓长度不超过1.5m。使用封堵定位模板，严格控制封堵材料嵌入深度；对橡胶条进行固定，严禁跑位。

2.4　套筒内浆体回流

存在问题：连通腔灌浆结束前，如果灌浆设备拔出前持压不充分，浆体未填充各类微小缝隙，则灌浆结束后浆体继续流动填充缝隙将导致出浆孔浆体回流；各套筒出浆孔回流与缝隙分布有关，具有随机性。连通腔灌浆结束，灌浆设备从灌浆孔拔出，如果封堵灌浆孔不及时导致漏浆较多，也会导致套筒内浆体回流，这种情况下往往是连通腔灌浆孔位置的套筒回流最为严重。当套筒单独灌浆时，由于封堵灌浆孔不及时造成的浆体回流现象更为普遍。实际工程中普遍采用连通腔灌浆方式，如果连通腔密封不严，特别是有机电类管道穿过的地方（图 2-11、图 2-12）密封十分困难，易出现连通腔漏浆，从而引起套筒内

图 2-11　夹心墙内叶的机电管道 图 2-12　预制墙上的机电管道

浆体回流。当漏浆发生在内墙或外墙的内侧时，补救措施相对容易；但当漏浆发生在外墙外侧（图 2-13、图 2-14）时，处理难度很大。对于预制夹心保温墙体，内叶墙底部的水平接缝与外叶墙底部的防水孔腔之间通过橡胶条进行隔离，如果橡胶条封堵不严，内叶墙底部水平接缝灌浆后浆体就容易流向外叶墙底部的防水孔腔，从而造成套筒内浆体回流及防水孔腔堵塞，这对预制夹心保温墙体的钢筋套筒灌浆连接性能和构造防水都会产生明显不利影响。

图 2-13　外墙外侧水平缝处理粗糙　　　　　　　图 2-14　外墙外侧水平缝漏浆

解决策略：连通腔灌浆结束前，当其他所有套筒都已经出浆并封堵后再多持压 10～15s；在有条件时可采用调压灌浆设备，先进行高压灌浆再低压持压一定时间；或者采用具有可调流量、自动保压、实时监测流量与压力等功能的新型智能灌浆设备[2-6]。灌浆设备拔出时，灌浆人员和封堵人员密切配合，努力做到灌浆设备拔出的同时进行封堵，尽量减少灌浆孔漏浆。采用专用连通腔密封材料，严禁使用普通砂浆，并确保密封材料养护到合适龄期后再进行灌浆（已发现有些工程过早开始灌浆，灌浆压力作用下导致密封材料开裂、漏浆严重），现浇与预制构件结合处、机电管道穿过处应加强密封处理措施；为确保外墙外侧灌浆时接缝不漏浆，可将连通腔基层外侧边缘找平，吊装时将橡塑棉用水泥钉钉到基层上，并确保橡塑棉平直。目前竖向构件套筒出浆孔外接 PVC 管多为水平伸出墙面，可适当向上倾斜（图 2-15）使出口高度高于套筒出浆孔，这样 PVC 管中可备有部分浆体供回流；或者采用弯曲型出浆管（图 2-16），灌浆结束后出浆管中存有较多浆体，可有效

图 2-15　出浆管适当向上倾斜　　　　　　　　图 2-16　出浆管弯曲

补给套筒中浆体的回流；或者除了套筒外，再在墙体内设置一根与连通腔相连的排气管，排气管的高度高于所有套筒出浆孔，当排气管出浆孔出浆时，里面的浆体也可有效补给套筒中浆体的回流。目前，设置排气管已在预制柱中广泛采用（图2-17、图2-18），在预制剪力墙中应用较少。对于预制夹心保温墙体内叶墙底部的水平接缝与外叶墙底部的防水孔腔之间的密封，要特别处理好下部墙体顶部保温层破损的地方，应先做好修补、找平，保持保温层顶面高度一致，再放置密封材料密封。

图 2-17　预制柱中排气管设置　　　　图 2-18　预制柱成型后排气管位置

2.5　本章小结

（1）灌浆料、钢筋等原材料质量符合要求是保证套筒灌浆质量的先决条件，如果灌浆料强度不合格、钢筋锚固长度不足或被随意割断，即使灌浆饱满密实，钢筋套筒灌浆连接接头的性能也可能不满足要求。

（2）针对套筒灌浆存在的问题，应由研发、设计、制作、施工、检测等产业链各环节联动解决，研发和设计应从源头上简化连接构造，制作和施工应通过科学的工艺保证精度和质量控制，检测则是对研发、设计、制作、施工等各环节质量的验证和监督。

（3）建议研发大间距大直径钢筋连接、大间距高强钢筋连接、螺旋筋集中约束搭接连接等新型连接形式，增加钢筋间距、减少钢筋数量或采用大孔道集束连接，提升灌浆套筒连接的便利性和可施工性。

参考文献

[2-1] 高润东，李向民，许清风. 装配整体式混凝土建筑套筒灌浆存在问题与解决策略 [J]. 施工技术，2018，47（10）：1-4，10.

[2-2] 中华人民共和国住房和城乡建设部. JG/T 408—2013 钢筋连接用套筒灌浆料 [S]. 北京：中国标准出版社，2013.

[2-3] 中华人民共和国住房和城乡建设部. JGJ 355—2015 钢筋套筒灌浆连接应用技术规程 [S]. 北京：中国建筑工业出版社，2015.

[2-4] 郭洪，张胜利，鄂梅，等. 装配整体式剪力墙结构预制构件灌浆技术研究 [J]. 施

工技术，2017，46（15）：66-69.

[2-5] 李志彦，唐伟耀，宋汝林，等．PC竖向结构半灌浆套筒施工技术 [J]．施工技术，2017，46（22）：79-81.

[2-6] 陈炜宁，石小虎，周磊，等．预制构件节点套筒灌浆技术及设备研究 [J]．建筑机械化，2017，（8）：41-42.

3 套筒灌浆工艺与质量管控研究

灌浆时如发现套筒内部不通，往往难以处理，因此本章首先立足于灌浆前的预防措施，从预制构件生产过程中套筒的安装、预制构件现场吊装等施工过程入手，总结分析各个施工环节对套筒通透性的保证措施，确定套筒通透性检查的关键时间节点，确保灌浆前连通腔内部和套筒内部畅通，以保证后续灌浆的顺利实施[3-1,3-2]；在此基础上，又从灌浆料搅拌、灌浆施工、补灌措施等方面对套筒灌浆的工艺和质量管控提出了具体要求，以保证灌浆质量符合标准要求[3-3,3-4]。另外，Yang[3-5]发明了一种套筒灌浆饱满度监测器，可对套筒内浆体回落起到有效补偿作用，为验证该监测器的适用性和有效性，上海市建筑科学研究院有限公司联合上海城建物资有限公司和北京精简建筑科技有限公司开展了工程试点的专项应用研究，本章对此做了详细介绍。

3.1 灌浆前工作要点

3.1.1 预制构件生产中的预防措施

3.1.1.1 预制构件生产时套筒安装过程

灌浆套筒在预制构件生产时的安装工艺流程为：钢筋绑扎→钢筋与套筒连接→套筒与模板固定→安装灌浆管、出浆管。

（1）钢筋绑扎

钢筋绑扎按设计要求执行即可。

（2）钢筋与套筒连接

钢筋绑扎完成后，进行钢筋与套筒的连接。对于半灌浆套筒，套筒上端与钢筋连接采用直螺纹连接，需要预先对钢筋进行加工处理，在钢筋连接处制造螺纹，然后利用螺纹实现与套筒的连接。对于全灌浆套筒，由于两端均采用灌浆连接，不需要进行钢筋丝头加工处理，直接将钢筋插入套筒，插入深度须符合设计要求。全灌浆套筒在预制端与钢筋连接时应设置橡胶环，防止混凝土浇筑时浆体流入套筒内部造成堵塞。

（3）套筒与模板固定

套筒位置的精度由模具的定位孔直接决定。因此，在保证套筒与模板固定牢固前，应确保模具上的定位孔位置准确，可按如下步骤进行：

①模具组装到位，并检验合格。

②在已经组装好的模具底模板上弹控制线，精确定位套筒的相对位置。

③确定位置后，使用磁力钻在模板上开出相应的孔位，孔位精度应在 0.1mm 以内，并对孔口的尺寸进行测量，保证孔径在要求范围内。

模板上的套筒定位孔制作完成之后即可进行套筒与模板的固定。固定块为不锈钢材料，使用时，先将固定块插入灌浆套筒内部，使孔口位置与套筒的灌浆孔对齐；再将销钉穿过灌浆孔插入固定块中；最后将固定块上带有螺纹的杆件穿过模板上相应的开孔处，在模板外侧使用螺母将灌浆套筒与模板紧固连接。

（4）安装灌浆管、出浆管

灌浆管、出浆管宜选用钢丝增强波纹管。将波纹管插在套筒的灌浆孔、出浆孔接头上并固定；波纹管的另一端引到预制构件混凝土表面，用销钉插入波纹管内将波纹管固定，防止浇筑混凝土时移位或造成灌浆孔、出浆孔接头脱落。当有双排灌浆套筒时，应注意底层（剪力墙构件卧倒放置时）灌浆套筒灌浆孔、出浆孔的方向，避免上层钢筋阻挡灌浆管、出浆管。

3.1.1.2 套筒安装过程中的堵塞预防措施

针对以上套筒安装过程，提出以下几点预防措施：

（1）套筒与钢筋连接前应检查套筒内部有无异物，如发现异物应及时清除。

（2）对于全灌浆套筒，预制端与钢筋进行连接时，橡胶环的尺寸应控制好，确保预制连接端套筒与钢筋之间无缝隙，以防混凝土浇筑过程中浆体流入套筒内部。

（3）模板与套筒固定时，应保证模板与套筒连接处无缝隙；如有缝隙，浇筑混凝土时，浆体会从缝隙流入套筒内造成堵塞，如图 3-1 所示[3-6]。

图 3-1　混凝土浆体从模板和套筒之间的缝隙流入造成套筒堵塞

（4）灌浆管与出浆管安装完毕之后应注意管口的封堵，以免浇筑时浆体进入灌浆管和出浆管。套筒安装定位及灌浆管、出浆管管口保护如图 3-2 所示[3-6]。

3.1.2 预制构件出厂和进场时套筒通透性检查

上述预制构件制作完成之后，在出厂前应对套筒进行透光检查，如图 3-3 所示[3-6]。检查方式：逐个检查，不得遗漏；检查内容：套筒内壁有无灰渣，灌浆孔和出浆孔有无堵孔现象；套筒内无堵塞评判标准：套筒内壁光亮，灌浆孔和出浆孔通畅透光，无杂物。透光检查时若发现套筒内有异物应及时处理，无法处理的构件不能出厂。预制构件进入工地现场之后，应再次进行通透性检查，避免预制构件在运输过程中套筒内混入杂物造成堵塞。

图 3-2 套筒安装定位及管口保护

图 3-3 对套筒进行透光检查

3.1.3 预制构件安装过程中的预防措施

3.1.3.1 预制构件安装施工过程

预制构件安装施工工艺流程为：连接部位的准备工作→构件吊装→灌浆前接缝封堵。

（1）连接部位准备工作主要包括以下内容：

①构件吊装前应进行套筒通透性检查，确定套筒内部无杂物堵塞。

②结构接缝处的表面应用自来水冲刷干净，冲掉浮灰并润湿基面。

③调整预留插筋垂直度，确保钢筋能够顺利插入套筒并满足插入长度要求。

（2）构件吊装

构件吊装时主要应控制好构件底部标高与构件垂直度。如果构件底部标高控制不好，导致接缝过高或过小，都会影响后续接缝封堵和套筒灌浆，如图 3-4 所示。

（3）灌浆前接缝封堵施工方法如下：

①按配合比要求，称取封堵材料和水，封堵材料放入搅拌桶中并加水，采用手持式搅拌机搅拌 3～5min，制得均匀的封堵砂浆浆体。

②为防止封堵砂浆坠滑，在柱、墙底部架空层中放入一根 L 形钢条（也可用塑料棒或木条替代），如图 3-5 所示。钢条的长边用作封堵砂浆的限位模板，长度以 100～500mm 为宜，短边用作移动的把手，长度以 50～200mm 为宜。放入的 L 形钢条的高度略小于底部接缝高度，以能自由塞入为宜，钢条长边平行于柱、墙底边，钢条外侧距柱、墙外侧面 20mm 左右。接缝封堵施工过程如图 3-6 所示。当不采用 L 形钢条时，常由于砂

(a) 接缝过高   (b) 接缝过小

图 3-4　构件底部标高控制不好导致接缝过高或过小

浆坠滑导致嵌入底部接缝内部较多。

图 3-5　封堵限位 L 形钢条　　　图 3-6　接缝封堵施工过程中未使用 L 形钢条

③用批刀沿柱子、墙体外侧下端架空层自左往右向架空层内压入封堵砂浆，并用抹刀刮平砂浆，必要时也可进行放坡处理。

④局部封堵完成后，轻轻抽动钢条沿柱、墙底边向另一端移动，重复步骤②、③，直至柱、墙其他侧底部接缝也被封堵，捏住钢条短边转动角度轻轻抽出。

⑤检查柱、墙四周的封堵情况，若发现有局部坠滑现象或孔洞应及时用封堵砂浆修补。应特别注意预制和现浇结合部位的封堵（如图 3-7），如封堵不实，现浇混凝土时混凝土浆体容易流至接缝底部。

⑥自加水搅拌开始时算起，接缝封堵施工操作应在 30min 内完成。

3.1.3.2　灌浆通畅性保证措施

针对以上施工过程，提出以下几点预防措施：

（1）吊装前应进行套筒透光检查，确保灌浆时套筒内部无杂物。

（2）基面在吊装前必须清理干净。灌浆过程中灌浆料将从预制构件底面和下部构件之间的连通腔中流过，如果基面清理不干净，由于连通腔为一狭缝，很容易造成堵塞，灌浆料无法通过连通腔到达其他套筒内部，从而会造成某些套筒不出浆。

图 3-7 预制和现浇结合部位的封堵

（3）接缝封堵过程中，应注意封堵材料不能距离套筒过近，否则容易封堵套筒底部，导致灌浆时灌浆料无法从套筒底部流入套筒内，致使被封堵套筒不出浆，给工程带来较大安全隐患。

（4）在上述接缝封堵完成 1h 后，如发现开裂或者漏封情况应及时处理。接缝封堵的质量是影响灌浆饱满性的重要因素。接缝封堵不严，灌浆时就会发生接缝处漏浆，导致套筒内灌浆料流失，因此应确保接缝封堵质量合格。

3.1.4　预制构件安装就位后灌浆前的检查措施

经上述步骤之后，预制构件已经安装至设计位置并临时固定，下一步工作为灌浆。但在灌浆之前，应进行最后的通透性检查，此项检查是对前面各项预防措施是否落实到位的一次检验。可采用内窥镜检查，尤其应注意检查套筒内下段钢筋有无割短或割断现象，如发现套筒内下段钢筋不存在，必须采取有效处理措施，一般可采用植筋处理，如图 3-8 所示。可借助空压机进行全数通气检查，确认套筒内部是否存在堵塞。如发现钢筋和套筒内壁之间存在堵塞物，可伸入可弯折铁丝进行疏通，但操作难度较大。若内部堵塞严重且无

(a) 开槽　　　　　　　　　　　　(b) 植筋

图 3-8 套筒插筋植筋处理措施

法清理，条件允许时应卸下预制构件进行疏通，并清理基面，重新吊装和封堵接缝。

3.2　灌浆的基本工艺与质量管控

3.2.1　灌浆料搅拌

　　称取施工所需套筒灌浆粉料，并按产品说明书要求称取拌合用水（实际用水量应根据现场温度、湿度环境进行适当调整，以满足流动性要求且无泌水分层），浆体流动度不宜过大，初始流动度以 320～340mm 为宜。搅拌时间不应小于 5min，以浆体搅拌均匀无结块为准。搅拌过程需要有专人负责计时，并对加水量、搅拌时长、流动度等指标做详细记录。伴随试件应在施工现场制作，每工作班应制作 1 组且每层不应少于 3 组 40mm×40mm×160mm 的长方体试件，标准养护 28d 后进行抗压强度试验。

3.2.2　灌浆施工

　　对于竖向钢筋套筒灌浆连接，大多采用连通腔灌浆方式，通过压浆法从某一套筒灌浆孔注入，当灌浆料浆体从构件其他灌浆孔、出浆孔陆续流出后进行封堵。采用连通腔灌浆时，宜采用一点灌浆的方式，当一点灌浆遇到问题而需要改变灌浆点时，各灌浆套筒已封堵的出浆孔应重新打开，待灌浆料浆体再次流出后进行封堵。如果不经过仔细判断，随意更换灌浆孔，就会导致套筒或连通腔内灌浆不饱满，如图 3-9 所示。

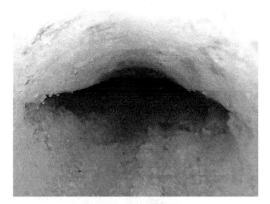

(a) 钻孔　　　　　　　　　　　　　　　　(b) 钻孔后内窥镜校核

图 3-9　随意更换灌浆孔导致连通腔灌浆不饱满

　　对于水平钢筋套筒灌浆连接，灌浆作业应采用压浆法从套筒灌浆孔注入，当套筒灌浆孔、出浆孔的连接管或连接头处的灌浆料浆体均高于套筒外表面最高点时停止灌浆，并封堵灌浆孔、出浆孔。

　　开启灌浆机后，应先将灌浆枪头对空，用浆体将灌浆管内部的水和残渣挤出，待灌浆枪头流出的灌浆料与灌浆料斗中浆体流动度一致时，方可进行灌浆施工。灌浆过程中应保持连续匀速缓慢灌浆，不应过快，避免引入气体，灌浆过程必须保证连贯性，非意外情况，不得中途停机，灌浆时应密切留意灌浆料斗中的浆体存量，严禁设备空载运行。当浆体以整股状（圆柱状）从出浆孔流出时，不应立即封堵，适当延时不少于 5s 后再封堵。建议采用可重复利用的塞子封堵，并用橡胶锤击打塞紧。如果钢筋偏位过大，钢筋紧贴出浆孔导致出浆孔不出浆，可先用冲击钻穿过出浆孔适度冲击使钢筋回位，然后再灌浆并封堵。

灌浆过程中，应密切注意四周是否有漏浆情况，特别是机电管线穿过部位、预制现浇结合部位、外墙外侧部位等，如果出现漏浆，应暂停灌浆作业并及时采用快速堵漏材料进行封堵，如图 3-10 所示。

(a) 堵漏材料

(b) 机电管线穿过部位堵漏

图 3-10　用快速堵漏材料封堵漏浆处

如果连通腔爆浆失效，须立即敲除并冲洗，如图 3-11 所示，干燥后重新封堵连通腔，满足养护龄期后再进行灌浆。

(a) 用冲击钻敲除

(b) 压力冲洗设备

(c) 冲洗套筒及连通腔内浆体

图 3-11　连通腔爆浆处理措施

在灌浆过程中，可采取一些辅助措施，确保灌浆饱满密实。比如：连通腔灌浆时，在套筒出浆孔处安装补浆漏斗，具体如图 3-12 所示；逐孔灌浆时，在灌浆孔处安装开关阀，灌满拔管前可先关闭阀门，有效避免因拔管造成套筒内浆体流失，或者在灌浆孔处外接一段软管，灌满拔管前弯折软管并绑扎，同样可以有效避免因拔管造成套筒内浆体流失，具体如图 3-13 所示。

图 3-12　连通腔灌浆时套筒内浆体回流补偿措施

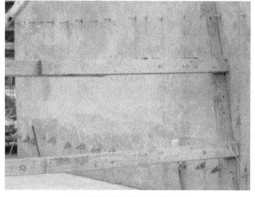

(a) 在灌浆孔处安装开关阀   (b) 在灌浆孔处外接一段软管

图 3-13 逐孔灌浆时有效避免因拔管造成套筒内浆体流失的措施

3.2.3 补灌措施

当灌浆施工出现套筒出浆孔无法出浆的情况时，应查明原因，采取的补灌措施应符合下列规定：

对于灌浆不饱满的竖向钢筋连接套筒，当在灌浆料加水拌合起 30min 内时，应首选从灌浆孔补灌；当灌浆料拌合物已无法流动时，可从出浆孔补灌，并应采用注射器结合细管压力灌浆，如图 3-14 所示。

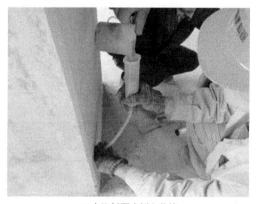

(a) 向注射器内倒入浆体   (b) 注射补浆

图 3-14 注射器结合细管压力灌浆

水平钢筋连接套筒灌浆施工停止后 30s 内，当发现灌浆料浆体液面下降时，应检查灌浆套筒的封堵或灌浆料拌合物的排气情况，并及时补灌，补灌应在灌浆料浆体液面达到设计规定的位置后停止。

3.3 套筒灌浆饱满度监测器工程应用研究

3.3.1 监测器简介

套筒灌浆饱满度监测器（以下简称监测器）组成及应用原理如图 3-15 所示。

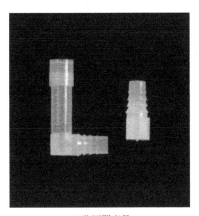
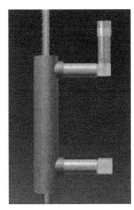

(a) 监测器产品　　　　　　　(b) 灌浆前安装　　　　　　(c) 灌浆后充满浆体

图 3-15　监测器组成及应用原理

　　监测器基于连通器原理，由透明塑料制成。监测器为"L"形，水平段呈阶梯状，用于插接出浆孔，竖支呈圆筒状，内置弹簧和标杆，用于监测灌浆料流动，且持续保压；堵头为"一"字形，用于插接灌浆孔。两者配合使用。

　　在现场共进行了五次试用，上海市建筑科学研究院有限公司联合上海城建物资有

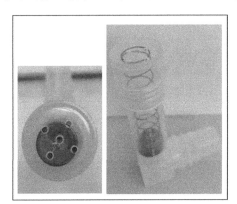
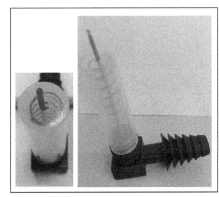

(a) 第一代　　　　　　　　　　　　　　　(b) 第二代

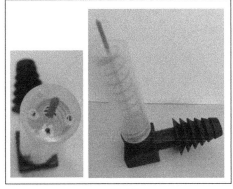

(c) 第三代　　　　　　　　　　　　　　　(d) 第四代

图 3-16　监测器产品改进过程

限公司和北京精简建筑科技有限公司对监测器做了三次改进，形成四代产品（图 3-16）。第一代产品中"L"形监测器竖管顶部有 5 个出气孔；第二代产品中"L"形监测器竖管顶部有 1 个出气孔，同时增加用于监测浆体回落位置的红色塑料细棒（标杆）；第三代产品在第二代产品基础上，在"L"形监测器竖管顶部中间孔周围均匀增加 5 个出气孔；第四代产品在第三代产品基础上，在红色塑料细棒根部垫片均匀增加 4 个豁口。

3.3.2 工程应用研究

3.3.2.1 第一次试用（第一代产品）

在 4 片预制混凝土剪力墙套筒灌浆中进行了试用，均为连通腔灌浆。灌浆前在墙体所有套筒出浆孔安装"L"形监测器，在除与灌浆管相连的灌浆孔外其他灌浆孔安装"一"字形堵头，然后实施灌浆（图 3-17），灌浆完成后，与灌浆管相连的灌浆孔也用"一"字形堵头封堵。

图 3-17 安装监测器并灌浆

灌浆后监测器内充满了浆体（图 3-18）。将监测器上盖打开后，浆体会上冒（图 3-19），说明一个监测器打开释放压力后，其他监测器内安装的弹簧会联动发生下压作用，这种联动作用对于调节灌浆的均匀饱满性具有很好的效果。

图 3-18 监测器内充满浆体

图 3-19 打开上盖后浆体上冒

不同工程所用套筒出浆孔的尺寸不一，尽管监测器水平段考虑了一定的收缩长度，但有时需要缠绕一定厚度的胶带才能适用出浆孔的尺寸（图 3-20）。建议适当延长水平段收缩长度，增大适用范围。堵头也存在类似问题。初次灌浆饱满后，如果浆体回落，由于监测器竖管内壁沾染了浆体，有的无法看出浆体液面回落位置，需要打开上盖才能确定（图3-21）。建议通过改进，实现不用打开上盖直接确定回落位置。

图 3-20　水平段缠绕胶带

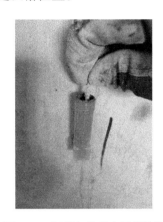
图 3-21　打开上盖确定回落位置

3.3.2.2　第二次试用（第二代产品）

针对第一次试用提出的建议对监测器进行了改进。特别是在监测器竖管中增加了红色塑料细棒（图3-22），可以确定监测器竖管内浆体的高度，即浆体液面的回落位置：需要确定 2 个数据，第 1 个为灌浆前量测的红色塑料细棒的初始伸出长度，记为 a；第 2 个为灌浆结束 5min 后量测的红色塑料细棒的伸出长度，记为 b；则 $b-a$ 为灌浆结束 5min 后浆体的高度。改进后，在 6 片预制混凝土剪力墙灌浆过程中进行了试用，均为连通腔灌浆。

图 3-22　增加用于监测浆体位置的红色塑料细棒

监测器竖管的顶部，在改进前留有 5 个孔，增加红色塑料细棒后，只留有 1 个孔，且红色塑料细棒还占据了孔的一部分，具体如图 3-23 所示。由于排气孔变少、变小，在灌浆过程中，空气不能及时排出，导致爆浆率增加，现场共灌了 6 片墙，结果爆浆 3 片。爆浆后监测器中的浆体瞬间完全回落（图3-24）。建议增加红色塑料细棒后，"L"形监测器竖管的顶部留置孔数量不宜少于 5 个。

(a) 第一代   (b) 第二代

图 3-23　顶部留孔情况

图 3-24　爆浆后监测器中的浆体回落情况

3.3.2.3　第三次试用（第三代产品）

针对第二次试用提出的建议，在监测器竖管顶部的中间孔周边均匀钻了 5 个孔，共有 6 个孔（图 3-25）。改进后，在 3 片预制混凝土剪力墙灌浆过程中进行了试用，均未出现连通腔爆浆的情况。

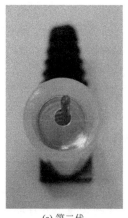 

(a) 第二代   (b) 第三代

图 3-25　顶部出气孔改进

1 号和 2 号墙体灌浆 5min 后，监测器竖管内的浆体基本保持饱满。3 号墙体在灌浆 5min 后，监测器中的浆体有所回落（图 3-26），主要是因为墙体背面预制和现浇结合部位密封不严，发生漏浆（图 3-27），这正好反映出监测器对漏浆很敏感，可以很好地进行相互补充并实时监测浆料的实际情况。

图 3-26　第三次试用情况　　　　　　　　图 3-27　预制和现浇结合部位漏浆

3.3.2.4　第四次试用（第三代产品）

为提高测试的可靠性，又开展了第四次试用，所采用的监测器同第三次，仍为第三代产品。共试用 2 片预制混凝土剪力墙，均未出现连通腔爆浆的情况。

1 号墙体共 15 个套筒，其中，1～8 号套筒为同一个灌浆仓，9～15 号套筒为另一个灌浆仓，分两次灌浆。灌浆前，在各套筒出浆孔均安装了监测器；灌浆过程中，6 号和 11 号套筒因钢筋偏位，开始时下部灌浆孔不能正常出浆，采用冲击钻适当冲击处理后均可正常出浆，其他各套筒出浆孔均正常出浆。灌浆结束时，所有监测器的竖管内均充满浆体，5min 后未发现浆体有明显回落（图 3-28）。

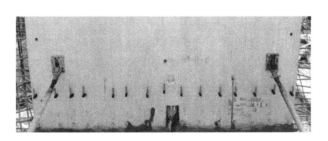

图 3-28　第四次 1 号墙体灌浆情况

2 号墙体共 4 个套筒，1～4 号套筒为同一个灌浆仓，一次灌浆。灌浆前，在各套筒出浆孔均安装了监测器；灌浆过程中，3 号套筒因钢筋偏位，开始时下部灌浆孔不能正常出浆，采用冲击钻适当冲击处理后可以正常出浆；其他各套筒出浆孔均正常出浆，灌浆结束时监测器的竖管内均充满浆体，5min 后未发现浆体有明显回落（图 3-29）。

3.3.2.5　第五次试用（第四代产品）

在前面四次试用基础上，又将红色塑料细棒根部垫片增加 4 个豁口（图 3-30），进一步增加通气能力。本次试用主要研究同一片墙体只有部分套筒安装监测器监测套筒灌浆饱满性的效果。第四代产品同时具备出气孔和豁口，出浆更容易且没有导致爆浆。但如果墙体长度超过 1.5m，且没有按照标准要求进行分仓灌浆，当在墙体中部套筒灌浆，浆体流到墙体边缘时，由于经历路程较长，浆体中的水分会被连通腔内壁和套筒内壁吸收，浆体的流动度变差，导致安装在墙体边缘套筒出浆孔的监测器不能正常出浆，拔出监测器发现其水平管中已存在浆体，但由于浆体黏稠无法继续上升至竖管，如图 3-31 所示。因此，安装监测器的预制构件仍必须按照标准要求进行合理分仓再进行灌浆。

图 3-29　第四次 2 号墙体灌浆情况

(a) 原垫片　　　　　　　(b) 垫片增加豁口

图 3-30　第四代产品改进

(a) 竖管中没有浆体　　　　　(b) 水平管中存在黏稠浆体

图 3-31　没有合理分仓的影响

3.3.3　钻孔内窥镜法校核灌浆饱满性

对第二次、第四次、第五次试用情况进行了钻孔内窥镜法[3-7,3-8]校核。第二次和第四次试用后校核的墙体，全部套筒均安装监测器；第五次试用后校核的墙体，只有部分套筒安装监测器。

3.3.3.1　同一墙体全部套筒安装监测器

从第二次和第四次试用的墙体中，根据监测器竖管中浆体的高度，选择部分具有代表性的套筒进行钻孔内窥镜法校核，校核结果如表 3-1 所列。

全部套筒安装监测器的校核结果　　　　　　　　　　　表 3-1

	代表性套筒编号	1	2	3	4	5	6	7
第二次	竖管中浆体高度(mm)	15	31	0	6	2	6	0
	饱满、不饱满/深度(mm)	饱满	饱满	饱满	饱满	饱满	饱满	不饱满/13.93
	内窥镜照片							
第四次	代表性套筒编号	1	2	3	4	5	6	7
	竖管中浆体高度(mm)	40	35	39	36	39	40	34
	饱满、不饱满/深度(mm)	饱满	饱满	饱满	饱满	饱满	饱满	饱满
	内窥镜照片							

注：当监测器竖管中充满浆体时，竖管中浆体高度约为40mm。下同。

由表 3-1 可见，两次复核的 14 个套筒，当监测器竖管中浆体高度大于 0 时，内窥镜校核结果为灌浆饱满。当浆体高度等于 0 时，灌浆可能饱满，如第二次 3 号套筒；灌浆也可能不饱满，如第二次 7 号套筒。以上表明，当同一墙体全部套筒安装监测器时，只要监测器竖管中浆体高度大于 0，就可以判断监测器对应的套筒灌浆饱满。当同一分仓全部采用第二代监测器时，仍有极个别套筒的灌浆不饱满；但当同一分仓全部采用第三代监测器时，所有套筒的灌浆均饱满。

3.3.3.2　同一墙体部分套筒安装监测器

从第五次试用的墙体中，选择两片预制混凝土墙体进行校核，墙体 1 共 7 个套筒，在 1 号套筒和 4 号套筒的出浆孔安装监测器，墙体 2 共 7 个套筒，在 1 号套筒和 7 号套筒的出浆孔安装监测器。校核结果如表 3-2 所列。

部分套筒安装监测器的校核结果　　　　　　　　　　　表 3-2

	套筒编号	1(安装)	2	3	4(安装)	5	6	7
墙体1	竖管中浆体高度(mm)	38	—	—	39	—	—	—
	饱满、不饱满/深度(mm)	饱满	饱满	饱满	饱满	饱满	饱满	饱满
	内窥镜照片							
	套筒编号	1(安装)	2	3	4	5	6	7(安装)
墙体2	竖管中浆体高度(mm)	40	—	—	—	—	—	39
	饱满、不饱满/深度(mm)	饱满	饱满	饱满	不饱满/17.73	饱满	不饱满/20.52	饱满
	内窥镜照片							

由表 3-2 可见，如果同一墙体部分套筒出浆孔安装第四代监测器（不少于 20％），由于监测器的布置可促使灌浆工人更加重视灌浆质量，可有效提升灌浆饱满度的总体水平，部分墙体可以保证所有套筒均灌浆饱满，如墙体 1；但由于大多数出浆孔没有布置监测器，也还存在少数灌浆不饱满的情况，如墙体 2 的 4 号套筒灌浆缺陷深度为 17.73mm、6 号套筒灌浆缺陷深度为 20.52mm。以上表明，当同一预制混凝土剪力墙仅部分套筒安装第四代监测器（不少于 20％）时，没有安装监测器的套筒仍可能存在灌浆不饱满的情况。

3.3.4　工程应用总结

（1）应用套筒灌浆饱满度监测器的预制构件，需按照标准要求进行合理分仓，并保证底部接缝封堵质量合格；当套筒内钢筋偏位严重影响出浆时，须对钢筋采用冲击钻适当冲击回位后再安装监测器。

（2）当同一分仓全部采用第二代监测器时，仍有极个别套筒的灌浆不饱满；但当同一分仓全部采用第三代监测器时，所有套筒的灌浆均饱满。

（3）经过对监测器的不断改进，可保证灌浆时不发生爆浆，且可通过红色标杆直观了解监测器内浆体高度。当监测器竖管中浆体高度大于 0 时，可以判断监测器对应的套筒灌浆饱满。

（4）当预制混凝土剪力墙同一分仓内仅部分套筒安装第四代监测器（不少于 20％）时，没有安装监测器的套筒仍可能存在灌浆不饱满的情况。

（5）实际应用时，建议灌浆后监测器竖管中浆体高度达到竖管高度一半或以上，且间隔 5min 后浆体高度保持不变或回落位置不超过竖管高度一半，如不满足应随即进行二次灌浆，确保所有套筒的灌浆均满足要求。

3.4　本章小结

（1）预制构件生产过程中应防止套筒内堵塞；预制构件出厂和进场时均应进行套筒通透性检查；预制构件安装过程中应防止套筒内和连通腔内堵塞；预制构件安装就位后灌浆前应再次进行套筒通透性检查，特别要注意检查套筒内下段钢筋有无割短或割断现象。

（2）灌浆料产品及其拌合工艺应符合标准要求；灌浆过程中必须采取有效的质量管控措施确保灌浆饱满密实；如发现灌浆不饱满，应及时进行补灌。

（3）套筒灌浆饱满度监测器可监测套筒内灌浆是否饱满，且能对套筒内浆体回落起到有效补偿作用。同一片墙体所有套筒均安装监测器，当监测器竖管中浆体高度大于 0 时，可以判断对应套筒灌浆饱满；同一片墙体部分套筒安装监测器（不少于 20％），未安装监测器的套筒仍存在灌浆不饱满的可能。实际应用时，建议灌浆后监测器竖管中浆体高度应达到竖管高度一半或以上，且间隔 5min 后浆体高度保持不变或回落位置不超过竖管高度一半，如不满足应随即进行二次灌浆。

另外，上海发布了《关于进一步加强本市装配整体式混凝土结构工程钢筋套筒灌浆连接施工质量管理的通知》（沪建安质监〔2018〕47 号）[3-9]，对套筒灌浆施工管理作了详尽的规定，可有效管控灌浆质量，值得推广参考。

参考文献

[3-1] 李善继，冯身强，魏英杰．装配式混凝土结构预制构件灌浆套筒安装与质量控制技术研究 [J]．四川建筑科学研究，2017，43（1）：145-148．

[3-2] 郭洪，张胜利，鄂梅，等．装配整体式剪力墙结构预制构件灌浆技术研究 [J]．施工技术，2017，46（15）：66-69．

[3-3] 上海市住房和城乡建设管理委员会．DGJ 08-2069—2016 装配整体式混凝土结构预制构件制作与质量检验规程 [S]．上海：同济大学出版社，2016．

[3-4] 中华人民共和国住房和城乡建设部．JGJ 355—2015 钢筋套筒灌浆连接应用技术规程 [S]．北京：中国建筑工业出版社，2015．

[3-5] Yang Xuhui. Sleeve grouting fullness monitor [P]．WO2020135099A1，2020-07-02.

[3-6] 上海市建设工程安全质量监督总站，上海市建设协会．装配式混凝土建筑常见质量问题防治手册 [M]．北京：中国建筑工业出版社，2020．

[3-7] 李向民，高润东，许清风，等．钻孔结合内窥镜法检测套筒灌浆饱满度试验研究 [J]．施工技术，2019，48（9）：6-8，16．

[3-8] 中国工程建设标准化协会．T/CECS 683—2020 装配式混凝土结构套筒灌浆质量检测技术规程 [S]．北京：中国建筑工业出版社，2020．

[3-9] 上海市建设工程安全质量监督总站．关于进一步加强本市装配整体式混凝土结构工程钢筋套筒灌浆连接施工质量管理的通知（沪建安质监〔2018〕47 号）[R]．2018-07-23．

4

基于预埋传感器法的套筒灌浆饱满性检测技术研究

装配式混凝土结构正在我国大力推广，该结构的核心是受力钢筋的连接技术，而我国装配式混凝土结构中竖向受力钢筋的连接绝大多数采用套筒灌浆连接。由于钢筋套筒灌浆连接构造复杂，又属隐蔽工程，加上存在构件制作精度欠佳、保护措施不当导致套筒堵塞、现场灌浆人员培训不足等问题，套筒灌浆不饱满现象时有发生，危及装配式混凝土结构的安全[4-1～4-3]。要破解这些问题，除了不断改进施工工艺、加强质量管控外，还应积极开展现场灌浆质量检测技术的研发，以便及时发现问题并采取补救措施。北京智博联科技股份有限公司基于阻尼振动原理，开发了一种套筒灌浆饱满性检测设备，能够在套筒灌浆施工过程中进行检测。上海市建筑科学研究院有限公司与北京智博联科技股份有限公司合作，对北京智博联科技股份有限公司发明的预埋传感器法[4-4,4-5]进行了实验室和工程实践研究[4-6]。

4.1 预埋传感器法测试原理及判定准则探讨

预埋传感器法是一种采用预埋阻尼振动传感器（以下简称传感器）进行套筒灌浆质量检测的方法。传感器在特定激励信号驱动下会产生一定频率的振动，该振动受到摩擦和介质阻力而使振幅随时间逐渐衰减[4-7,4-8]。在振动方向上，物体受到的作用力包括弹性力和摩擦阻力，力学方程可用下式表示：

$$x(t) = A_0 e^{-\beta t} \cos(\omega t + \varphi_0) \tag{4-1}$$

式中：$x(t)$ 为 t 时刻振幅、A_0 为初始振幅、β 为阻尼系数、t 为时间、ω 为固有角频率、φ_0 为初始角。

由式（4-1）可见，振幅呈指数衰减，当振动体一定时，则激励后初始振幅、固有角频率、初始角一定，振动体周围介质的弹性模量越大其阻尼系数就越大，振幅衰减越快。因此，当传感器周围的介质分别为空气、水、流体灌浆料、固化灌浆料时，其阻尼系数依次增大，相应振幅的衰减速度不断增加。根据以上规律，通过测量传感器在激励信号驱动下的振幅衰减情况，可推断传感器周围介质形态，进一步判断灌浆料是否达到传感器位置，从而判断套筒灌浆饱满程度。

具体测试时,在灌浆操作前将传感器(图 4-1)预埋在套筒出浆孔内,套筒灌浆结束后 5～8min 进行测试。通过检测传感器信号波幅的衰减情况来判断传感器是否被灌浆料包覆,以确定套筒灌浆是否饱满。如发现不饱满情况,随即进行二次灌浆以实现在套筒灌浆施工过程中进行质量控制的目的。具体测试示意图如图 4-2 所示。

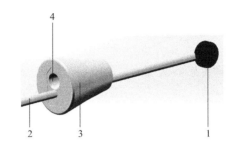

图 4-1 阻尼振动传感器

1—端头核心元件;2—金属连杆;3—橡胶塞;4—排气孔

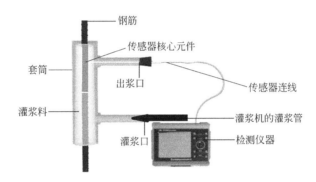

图 4-2 测试示意图

图 4-3 给出了传感器在套筒中的布置详图。

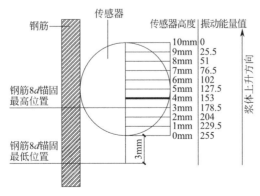

图 4-3 传感器在套筒中的布置位置

传感器的直径约为 10mm,当传感器没有被浆体包裹时,可以自由振动,振动能量值为 255;当传感器完全被浆体包裹时,无法自由振动,振动能量值接近 0。为分析方便,这里假设传感器被浆体包裹的高度与振动能量值呈线性相关（负相关）。通过统计不同型号套筒的尺寸发现，套筒内钢筋 $8d$ 锚固位置相对于出浆孔中心的位置是有所不同的。图 4-3 中传感器右侧标注 5mm 的位置为传感器中心高度位置，也即出浆孔中心高度位置。对不同厂家不同型号套筒的统计发现，钢筋 $8d$ 锚固最高位置位于传感器右侧标注 3mm 的位置，钢筋 $8d$ 锚固最低位置位于传感器底端以下 3mm 的位置；也即理想情况下，只要浆体液面高于传感器右侧标注 3mm 的位置，灌浆就已经满足要求。为安全计，选择振动能量值等于 150 的位置作为灌浆饱满最低可接受位置，相当于略高于传感器右侧标注 4mm 的位置。

基于以上分析，提出预埋传感器法检测结果的细分判定准则为：当 0≤振动能量值≤100 时，判定为Ⅰ类，灌浆饱满；100<振动能量值≤150 时，判定为Ⅱ类，灌浆基本饱满；150<振动能量值≤255 时，判定为Ⅲ类，灌浆不饱满。一般情况下，Ⅰ类、Ⅱ类不需处理，Ⅲ类需及时进行二次灌浆。

4.2 实验室检测研究

4.2.1 试验设计

共设计了两种套筒：①实际灌浆套筒，包括 3 个适用 14mm 钢筋直径的套筒（编号为 1~3）和 3 个适用 20mm 钢筋直径的套筒（编号为 4~6）；②透明塑料模拟套筒，可直接观察套筒内浆体自下而上流动情况，共 3 个（编号为 7~9），适用 14mm 钢筋直径。以上共计 9 个套筒，如图 4-4 所示。

(a) 实际灌浆套筒　　　　　　　　　　(b) 透明塑料模拟套筒

图 4-4　试验用套筒

4.2.2 试验材料

实际灌浆套筒采用 GTZQ4-14（适用 14mm 钢筋直径）和 GTZQ4-20（适用 20mm 钢筋直径）两种型号套筒，均由球墨铸铁铸造而成，GTZQ4-14 套筒全长 280mm、外径 46mm、内径 34mm，GTZQ4-20 套筒全长 370mm、外径 52mm、内径 40mm。透明塑料模拟套筒由直管和三通管组装而成（适用 14mm 钢筋直径），均系 UPVC 材质，套筒全长 465mm、外径 40mm、内径 33.6mm。

灌浆料采用超高强无收缩钢筋套筒连接用灌浆料，具有早强、高强、高流态、微膨胀等特点。拌合时水与灌浆料的质量比为 0.13，标准养护条件下 28d 抗压强度达到 123.8MPa。

4.2.3　试验过程

第 1～8 号套筒：

①将传感器布置在套筒出浆孔内，要求插入套筒最深位置；

②将传感器与测试仪器连接，进入采集状态；

③从套筒灌浆孔开始缓慢灌浆，直至传感器自带橡胶塞的排气孔有灌浆料流出，用短细木棒封堵排气孔，同时封堵灌浆孔，观测整个灌浆过程动态波形变化；

④灌浆结束后 5～8min 再次观测各传感器波形状态并记录振动能量值，判断套筒灌浆饱满性。

第 9 号套筒：

①～③步与第 1～8 号套筒的①～③步相同；

④1min 后，打开套筒灌浆孔的封堵橡胶塞，使灌浆料缓慢流出，当灌浆料大约排出 1/3 左右时，再次用橡胶塞封堵灌浆孔，观测整个排浆过程动态波形变化；

⑤放浆结束后 5～8min 再次观测波形状态并记录振动能量值。

4.2.4　试验结果

第 1～9 号套筒在试验最后步骤观测的波形和振动能量值如图 4-5 所示。

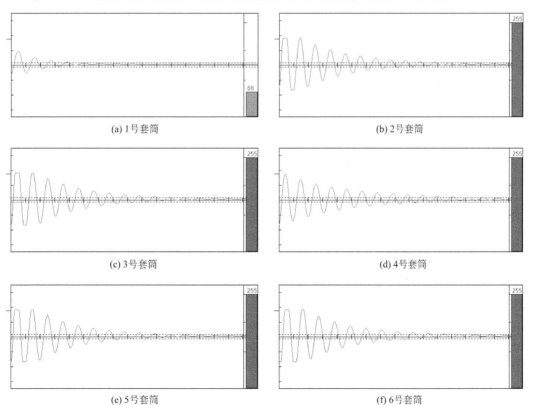

(a) 1号套筒

(b) 2号套筒

(c) 3号套筒

(d) 4号套筒

(e) 5号套筒

(f) 6号套筒

图 4-5　实验室套筒灌浆饱满性观测波形

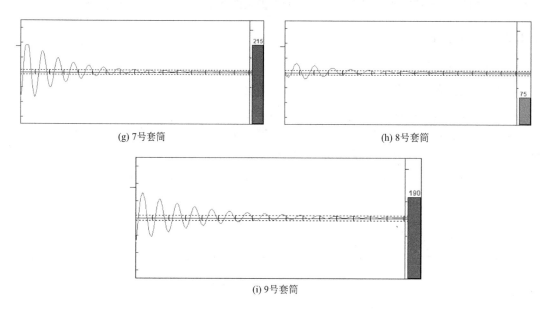

(g) 7号套筒　　　　　　　　　　　　　(h) 8号套筒

(i) 9号套筒

图 4-5　实验室套筒灌浆饱满性观测波形（续）

结合预埋传感器法测试原理、波形状态及振动能量值，本次试验判定结果如表 4-1 所列。

套筒灌浆饱满性判定结果　　　　　　　　　　　　　表 4-1

套筒编号	1	2	3	4	5	6	7	8	9
振动能量值	68	255	255	255	255	255	215	75	190
判定类别	Ⅰ类	Ⅲ类	Ⅲ类	Ⅲ类	Ⅲ类	Ⅲ类	Ⅲ类	Ⅰ类	Ⅲ类
判定结果	饱满	不饱满	不饱满	不饱满	不饱满	不饱满	不饱满	饱满	不饱满

为实际观察 1~9 号套筒的灌浆饱满程度，待 20h 灌浆料硬化后，对传感器进行人工拔出。预埋在 2~7 号、9 号套筒出浆孔的传感器拔出后，通过出浆孔可清晰看到出浆孔内部钢筋裸露，没有浆体包覆，表明出浆孔位置灌浆不饱满，与仪器检测结果相符。预埋在 1 号和 8 号套筒出浆孔的传感器则拔出较困难，致使传感器端头核心元件与金属连杆拉拔脱离，可看到灌浆孔内部有浆体，与仪器检测结果相符。

以上分析表明，预埋传感器法在套筒灌浆施工过程中对灌浆饱满性的判断是可靠的，可提示灌浆人员对灌浆不饱满的套筒及时进行二次灌浆。

另外，以上 9 个套筒，除 9 号套筒试验设计要求浆体回流外，其他 8 个套筒中只有 1 号和 8 号套筒灌浆饱满，其余均灌浆不饱满。这主要是因为：本次试验采取各个套筒单独灌浆的方式，单独灌浆时，当出浆孔位置传感器自带橡胶塞的排气孔有灌浆料流出时，这时应在拔出灌浆设备灌浆管的同时用橡胶塞封堵灌浆孔，但实际操作时往往在拔出灌浆设备灌浆管和用橡胶塞封堵灌浆孔之间存在时间差，这一时间差导致套筒内部分浆体在重力作用下瞬间通过灌浆孔流失，使得套筒内浆体液面最终低于出浆孔位置，即低于传感器核心元件所在位置。

4.3 实际工程检测研究

4.3.1 实际工程（一）

4.3.1.1 工程简介

为进一步验证预埋传感器法在套筒灌浆过程中检测灌浆饱满性的可靠性，选择上海临港某正在施工的装配式混凝土结构工程进行现场检测。该工程属装配式混凝土剪力墙结构，墙体厚度为 200mm，套筒单排居中布置，采用连通腔灌浆，端部边缘构件现浇。选择三个墙体构件：第一个墙体构件属内墙，选择 6 个套筒布置传感器（编号为 W1～W6）；第二个墙体构件属外墙，选择 3 个套筒布置传感器（编号为 W7～W9）；第三个墙体构件也属外墙，也选择 3 个套筒布置传感器（编号为 W10～W12）。现场检测如图 4-6 所示。

(a) 预埋传感器   (b) 灌浆并检测

图 4-6 现场检测图

4.3.1.2 检测过程

①将传感器布置在各套筒出浆孔内，要求插入套筒最深位置；

② 各墙体构件采用连通腔灌浆，一般选择从位于构件中间的套筒的灌浆孔灌浆，其他套筒灌浆孔出浆时用橡胶塞封堵，各套筒预埋传感器自带橡胶塞的排气孔有灌浆料流出时，用短细木棒封堵排气孔，最后，用橡胶塞封堵位于构件中间的套筒的灌浆孔，完成灌浆；

③灌浆结束后 5～8min 观测各传感器波形状态并记录振动能量值，判断套筒灌浆饱满性是否满足要求。

4.3.1.3 检测结果

第 W1～W12 号套筒在检测最后步骤观测的波形和振动能量值如图 4-7 所示。

结合预埋传感器法测试原理、波形状态及振动能量值，本次试验判定结果如表 4-2 所列。

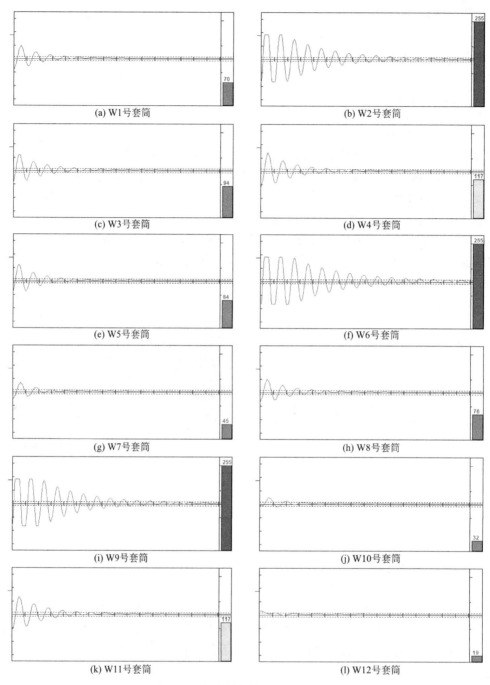

图 4-7　现场套筒灌浆饱满性观测波形

套筒灌浆饱满性判定结果　　　　　　　　　　　　　　　　　　　表 4-2

套筒编号	W1	W2	W3	W4	W5	W6	W7	W8	W9	W10	W11	W12
振动能量值	70	255	94	117	84	255	45	76	255	32	117	19
判定类别	Ⅰ类	Ⅲ类	Ⅰ类	Ⅱ类	Ⅰ类	Ⅲ类	Ⅰ类	Ⅰ类	Ⅲ类	Ⅰ类	Ⅱ类	Ⅰ类
判定结果	饱满	不饱满	饱满	基本饱满	饱满	不饱满	饱满	饱满	不饱满	饱满	基本饱满	饱满

根据图 4-7 和表 4-2，三个墙体构件 12 个灌浆套筒，9 个显示灌浆饱满或基本饱满，占 75%。现场浆体凝固前，将布置在 W2 号、W6 号、W9 号套筒出浆孔的传感器拔出后，可清晰看到出浆孔内部钢筋裸露，没有浆体包覆，与检测结果相符。

4.3.2　实际工程（二）

4.3.2.1　工程简介

选择上海前滩某正在施工的实际工程进行现场检测。该工程属装配式混凝土剪力墙结构，墙体厚度为 200mm，套筒呈梅花形布置，采用连通腔灌浆。选择三片剪力墙的灌浆套筒进行检测：第一片剪力墙属内墙，编号为 N（套筒编号为 N-1～N-6）；第二片剪力墙属外墙，编号为 M（套筒编号为 M-1～M-5）；第三片剪力墙属窗间墙，编号为 C（套筒编号为 C-1～C-11）。各墙体灌浆套筒分布情况如图 4-8 所示。现场检测如图 4-9 所示。

(a) 内墙N

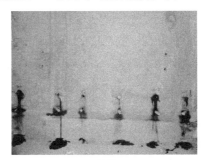
(b) 外墙M

(c) 窗间墙C (左侧)

(d) 窗间墙C (右侧)

图 4-8　各墙体灌浆套筒分布情况

图 4-9　现场检测图

4.3.2.2 检测过程

各墙体套筒灌浆饱满性检测过程如下：

①将传感器从套筒出浆孔插入套筒最深位置，传感器自带橡胶塞的排气孔位于正上方，自动定位传感器端头圆心位置与套筒出浆孔圆心位置平齐；

②各墙体构件采用连通腔灌浆，一般选择位于构件中间套筒的灌浆孔作为连通腔灌浆孔，其他套筒灌浆孔出浆时用橡胶塞封堵，各套筒预埋传感器自带橡胶塞的排气孔有灌浆料流出时，用短细木棒封堵排气孔；最后，用橡胶塞封堵连通腔灌浆孔，完成灌浆；

③灌浆结束后5～8min观测各传感器波形状态并记录振动能量值，判断套筒灌浆饱满性是否满足要求。

4.3.2.3 检测结果

（1）内墙 N

内墙 N 各套筒灌浆饱满情况检测波形和振动能量值如图 4-10 所示，判定结果如表 4-3 所列。

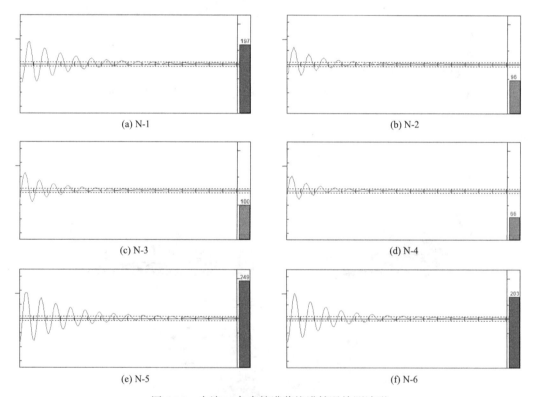

(a) N-1　(b) N-2　(c) N-3　(d) N-4　(e) N-5　(f) N-6

图 4-10　内墙 N 各套筒灌浆饱满情况检测波形

内墙 N 各套筒灌浆饱满情况判定结果　　表 4-3

套筒编号	N-1	N-2	N-3	N-4	N-5	N-6
振动能量值	197	96	100	66	249	203
判定类别	Ⅲ类	Ⅰ类	Ⅰ类	Ⅰ类	Ⅲ类	Ⅲ类
判定结果	不饱满	饱满	饱满	饱满	不饱满	不饱满

根据图 4-10 和表 4-3，N-1、N-5、N-6 套筒灌浆不饱满，这主要是因为，连通腔灌浆时，灌浆孔位于 N-3 套筒灌浆孔，在最后封堵此灌浆孔之前，灌浆机持压时间不充分，导致远端套筒灌浆不饱满。采取各套筒灌浆孔单独灌浆的方式进行二次灌浆，并对二次灌浆过程进行监测。N-1 和 N-5 均显示灌浆由不饱满变为饱满。N-6 显示灌浆由不饱满变为饱满，但最后封堵灌浆孔不及时，浆体有所回落，这再次说明对单独套筒灌浆而言，灌浆结束后及时封堵灌浆孔极为重要。

（2）外墙 M

外墙 M 各套筒灌浆饱满情况通过预埋传感器法检测的波形和振动能量值如图 4-11 所示，判定结果如表 4-4 所列。

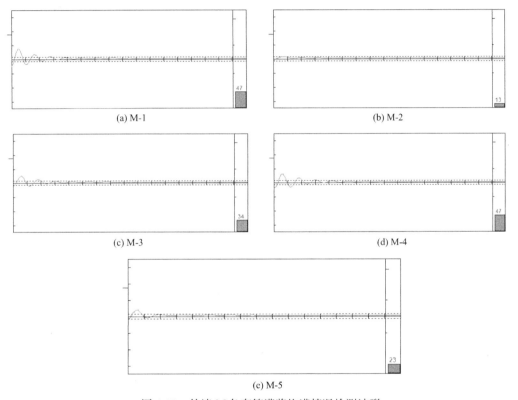

图 4-11　外墙 M 各套筒灌浆饱满情况检测波形

外墙 M 各套筒灌浆饱满情况判定结果　　　　　　表 4-4

套筒编号	M-1	M-2	M-3	M-4	M-5
振动能量值	47	13	34	47	23
判定类别	I 类	I 类	I 类	I 类	I 类
判定结果	饱满	饱满	饱满	饱满	饱满

根据图 4-11 和表 4-4，所有套筒灌浆均饱满。在总结内墙 N 连通腔灌浆经验后，在外墙 M 连通腔灌浆时，当各套筒出浆孔和灌浆孔出浆 5s 后再进行封堵并紧固，在封堵连通腔灌浆孔之前，适当延长持压时间 10～15s，最后，在拔出灌浆机灌浆管的同时对连通腔灌浆孔进行封堵并紧固。

（3）窗间墙 C

窗间墙 C 各套筒灌浆饱满情况通过预埋传感器法检测的波形和振动能量值如图 4-12 所示，判定结果如表 4-5 所列。

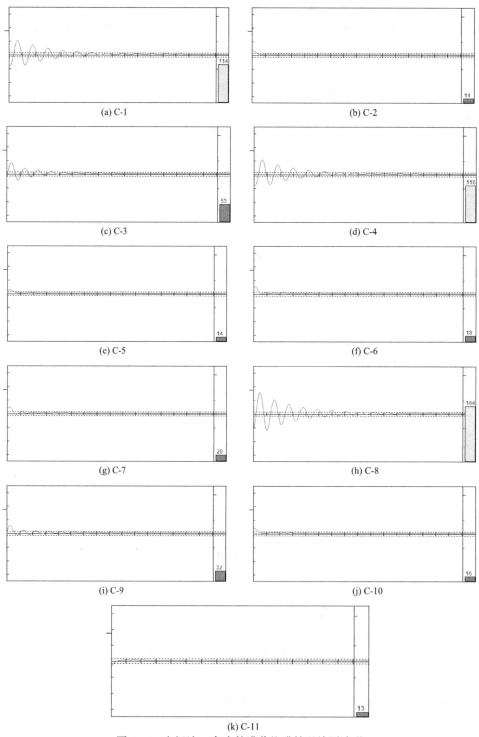

(a) C-1

(b) C-2

(c) C-3

(d) C-4

(e) C-5

(f) C-6

(g) C-7

(h) C-8

(i) C-9

(j) C-10

(k) C-11

图 4-12　窗间墙 C 各套筒灌浆饱满情况检测波形

窗间墙 C 各套筒灌浆饱满情况判定结果　　　　　　　　表 4-5

套筒编号	C-1	C-2	C-3	C-4	C-5	C-6	C-7	C-8	C-9	C-10	C-11
振动能量值	114	14	53	110	14	18	20	164	32	16	13
判定类别	Ⅱ类	Ⅰ类	Ⅰ类	Ⅱ类	Ⅰ类	Ⅰ类	Ⅰ类	Ⅲ类	Ⅰ类	Ⅰ类	Ⅰ类
判定结果	基本饱满	饱满	饱满	基本饱满	饱满	饱满	饱满	不饱满	饱满	饱满	饱满

根据图 4-12 和表 4-5，除 C-8 套筒灌浆不饱满，其他套筒灌浆均为饱满或基本饱满。在检查各套筒灌浆孔封堵情况时，发现 C-8 套筒灌浆孔封堵不够紧固，可能存在少许漏浆，导致套筒内浆体回流。

4.4　二次灌浆

对首次灌浆不饱满的套筒应立即进行二次灌浆，并应进行复测。采用连通腔灌浆时，宜优先从原连通腔灌浆孔进行二次灌浆，从原连通腔灌浆孔无法进行二次灌浆时，可从不饱满套筒的灌浆孔进行二次灌浆。采用单独套筒灌浆时，应从不饱满套筒的灌浆孔进行二次灌浆。二次灌浆应在从首次灌浆开始算起的 30min 内完成。

从前述第 4.3.2 节介绍的上海前滩某工程中再选择一片内墙，该墙体共有 4 个套筒，从左到右依次编号为 I-1～I-4，均在出浆孔布置了传感器，如图 4-13 所示。连通腔灌浆时，选择 I-3 套筒的灌浆孔作为连通腔灌浆孔，灌浆过程中，灌浆饱满性检测仪与布置在 I-1 套筒出浆孔的传感器相连，对灌浆饱满性进行实时监测，灌浆结束后 5～8min，再对所有套筒出浆孔预埋传感器进行检测，现场检测实物图如图 4-14 所示。

图 4-13　传感器布置图　　　　　　　图 4-14　预埋传感器法现场检测实物图

灌浆结束后 5～8min，各套筒灌浆饱满情况检测结果如图 4-15 所示，判定结果如表 4-6 所列。

各套筒灌浆饱满情况判定结果　　　　　　　　表 4-6

套筒编号	I-1	I-2	I-3	I-4
振动能量值	178	121	136	222
判定类别	Ⅲ类	Ⅱ类	Ⅱ类	Ⅲ类
判定结果	不饱满	基本饱满	基本饱满	不饱满

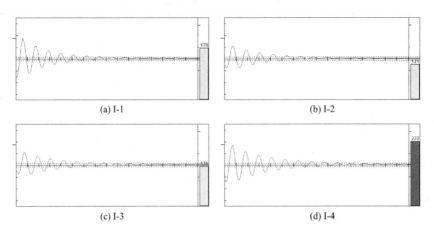

图 4-15 各套筒灌浆饱满情况检测结果

根据图 4-15 和表 4-6，套筒灌浆饱满情况不理想，主要是因为连通腔灌浆孔封堵之前持压时间不充分，以及连通腔灌浆孔封堵不及时造成部分漏浆。

根据以上检测结果，随即选择在原连通腔灌浆孔（I-3 套筒的灌浆孔）进行二次灌浆，二次灌浆后 5～8min 再次测量，各套筒灌浆饱满情况检测结果如图 4-16 所示，判定结果如表 4-7 所列。

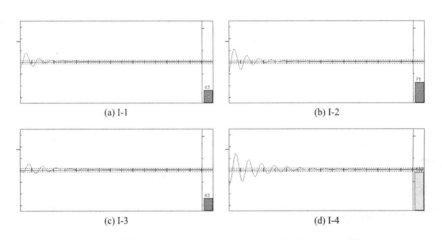

图 4-16 在原灌浆孔进行二次灌浆后，各套筒灌浆饱满情况检测结果

在原灌浆孔进行二次灌浆后，各套筒灌浆饱满情况判定结果　　　　　表 4-7

套筒编号	I-1	I-2	I-3	I-4
振动能量值	43	71	43	132
判定类别	I 类	I 类	I 类	II 类
判定结果	饱满	饱满	饱满	基本饱满

根据图 4-16 和表 4-7，在原灌浆孔进行二次灌浆后，各套筒灌浆饱满情况良好。

4.5　本章小结

（1）预埋传感器法是一种在套筒出浆孔预埋阻尼振动传感器进行套筒灌浆饱满性检测的方法。该方法基于阻尼振动原理，当传感器周围介质为灌浆料时，其阻尼系数大于空气，导致振幅急剧衰减，产生的振动能量值相应减小。

（2）应用预埋传感器法时，要保持传感器端头圆心与套筒出浆孔圆心平齐（传感器末端橡胶塞可自动定位），要求插入套筒可插入的最深位置并紧固传感器末端橡胶塞。考虑各种影响因素后，一般建议在灌浆结束后 5～8min 连接仪器进行检测，此时浆体已流动遍及各种微小缝隙，总体上灌浆料上表面比较稳定。

（3）预埋传感器法的输出参数包括波形和振动能量值，其判定准则为：当 $0 \leqslant$ 振动能量值 $\leqslant 100$ 时，判定为Ⅰ类，灌浆饱满；$100 <$ 振动能量值 $\leqslant 150$ 时，判定为Ⅱ类，灌浆基本饱满；$150 <$ 振动能量值 $\leqslant 255$ 时，判定为Ⅲ类，灌浆不饱满。一般情况下，Ⅰ类、Ⅱ类不需处理，Ⅲ类需要进行二次灌浆。实际工程应用时，可简化为以下判定准则：对受检套筒，当传感器振动能量值不小于 0 且不大于 150 时，判定灌浆饱满性满足要求；当传感器振动能量值大于 150 且不大于 255 时，判定灌浆饱满性不满足要求。

（4）对首次灌浆不饱满的套筒应立即进行二次灌浆，并应进行复测。采用连通腔灌浆时，宜优先从原连通腔灌浆孔进行二次灌浆，从原连通腔灌浆孔无法进行二次灌浆时，可从不饱满套筒的灌浆孔进行二次灌浆。采用单独套筒灌浆时，应从不饱满套筒的灌浆孔进行二次灌浆。二次灌浆应在从首次灌浆开始算起的 30min 内完成。

参考文献

[4-1]　高润东，李向民，许清风．装配整体式混凝土建筑套筒灌浆存在问题与解决策略[J]．施工技术，2018，47（10）：1-4，10．

[4-2]　苏杨月，赵锦锴，徐友全，等．装配式建筑生产施工质量问题与改进研究[J]．建筑经济，2016，37（11）：43-48．

[4-3]　常春光，王嘉源，李洪雪．装配式建筑施工质量因素识别与控制[J]．沈阳建筑大学学报，2016，18（1）：58-63．

[4-4]　管钧，张全旭，杨桢．一种检测装配式混凝土结构钢筋套筒灌浆饱满度的方法及检测仪[P]．CN105223344A，2016-01-06．

[4-5]　张全旭，管钧，杨桢．一种检测装配式混凝土结构钢筋套筒灌浆饱满度的振动传感器[P]．CN105223343A，2016-01-06．

[4-6]　Li Xiangmin, Gao Rundong, Wang Zhuolin, et al. Reserach on the Applied Technology of Testing Grouting Compaction of Sleeves Based on Damped Vibration Method [C]. Advances in Engineering Research（AER），2017，135：317-323．

[4-7]　高立业，赵寿根，张萌，等．阻尼与阻尼测试技术[C]．北京力学学会第 21 届学术年会暨北京振动工程学会第 22 届学术年会论文集（Ⅱ），2015：146-156．

[4-8]　戴德沛．阻尼技术的工程应用[M]．北京：清华大学出版社，1991．

基于预埋钢丝拉拔法的套筒灌浆饱满性检测技术研究

针对套筒灌浆存在的问题[5-1~5-3]，课题组研发了一种基于预埋钢丝拉拔法的套筒灌浆饱满性检测方法，即灌浆前在套筒出浆孔预埋钢丝，待灌浆料凝固一定时间后，对预埋钢丝进行拉拔，通过拉拔荷载值判断灌浆饱满性，必要时还可利用预埋钢丝拉拔后留下的孔道，通过内窥镜进行校核。实验室和工程现场实测结果表明该方法具有可行性，可用于装配式混凝土结构套筒灌浆饱满性的现场检测和质量控制。

5.1 试验参数与设计

5.1.1 参数选择

在前期预试验过程中也采用普通强度钢丝进行了拉拔试验研究，但普通强度钢丝存在以下缺点：市场上难以购得，且多为光圆钢筋冷拉而成，性能不稳定；表面状态相差很多，导致拉拔力离散大；价格较高。因而正式试验时选用不锈钢高强钢丝（以下简称钢丝）。

选择 2.0mm、3.5mm、5.0mm 三种直径的钢丝，钢丝表面光洁、无油污。每个规格钢丝均选择 10mm、20mm、30mm 三种锚固长度。灌浆料选择 3d 和 7d 两个养护龄期，自然养护条件。

5.1.2 材料强度

钢丝的实测力学参数如表 5-1 所列。

<table>
<tr><td colspan="5" align="center">钢丝的力学参数　　　　　　　　　　　　　　　　　　　表 5-1</td></tr>
<tr><td align="center">直径（mm）</td><td align="center">屈服荷载（kN）</td><td align="center">屈服强度（MPa）</td><td align="center">抗拉荷载（kN）</td><td align="center">抗拉强度（MPa）</td></tr>
<tr><td align="center">2.0</td><td align="center">2.6</td><td align="center">836</td><td align="center">3.2</td><td align="center">1006</td></tr>
<tr><td align="center">3.5</td><td align="center">8.1</td><td align="center">838</td><td align="center">9.5</td><td align="center">987</td></tr>
<tr><td align="center">5.0</td><td align="center">21.4</td><td align="center">1092</td><td align="center">22.1</td><td align="center">1124</td></tr>
</table>

灌浆料采用符合现行行业标准《钢筋连接用套筒灌浆料》JG/T 408[5-4]要求的超高强无收缩钢筋套筒连接用灌浆料。拌合时水与灌浆料的质量比为 0.14。套筒采用符合现行行业标准《钢筋连接用灌浆套筒》JG/T 398[5-5]要求的全灌浆套筒。

5.1.3 试验设计

试验包括三方面：

①在灌浆料基体上进行预埋钢丝拉拔法的参数研究；

②在基体拉拔研究基础上，选择特定钢丝直径和锚固长度，进行套筒灌浆饱满性实验室检测研究；

③进行套筒灌浆饱满性现场检测试验，验证预埋钢丝拉拔法的有效性并进行改进，并在此基础上提出预埋钢丝拉拔法的技术关键。

5.2 灌浆料基体检测参数研究

5.2.1 试件设计与制作

预埋钢丝拉拔法参数研究所用的灌浆料基体试件设计如图 5-1 所示，共进行了 18 组、54 根钢丝的灌浆料基体拉拔试验。图中 D 代表钢丝直径，单位为 mm；l 代表钢丝锚固长度，单位为 mm；t 代表养护龄期，单位为 d。每种工况的 3 根钢丝完全相同。灌浆料基体试件长度为 1500mm、宽度为 1050mm、高度为 80mm。考虑锚固长度和检测设备高度要求，所有钢丝下料长度统一为 330mm。试件成型如图 5-2 所示，采用木条和架立筋确保钢丝垂直和锚固长度准确。

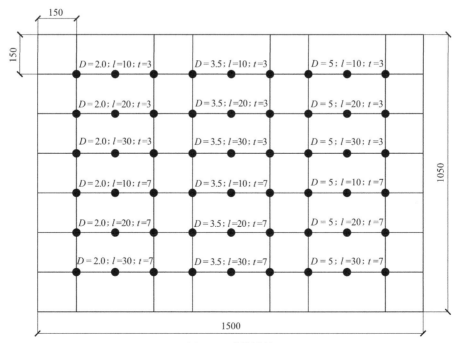

图 5-1 试件设计

图 5-2　试件成型

5.2.2　拉拔方法

拉拔设备装置如图 5-3 所示。

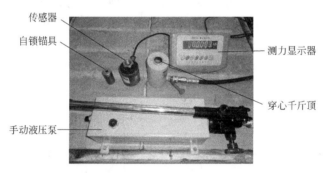

传感器

自锁锚具

测力显示器

穿心千斤顶

手动液压泵

图 5-3　拉拔设备组成

拉拔时，首先将手动液压泵与穿心千斤顶相连，将传感器与测力显示器相连；然后穿过预埋钢丝放置穿心千斤顶，再放置传感器，最后放置自锁锚具锚固钢丝，被拉拔钢丝所在位置灌浆料基体表面需保持平整，穿心千斤顶与传感器之间以及传感器与自锁锚具之间需放置垫片；通过手动液压泵进行缓慢加载（约 0.15kN/s），直至钢丝被完全拔出，加载过程中记录测力显示器显示的峰值荷载。试验加载如图 5-4 所示。

图 5-4　试验加载

5.2.3　拉拔检测结果分析

所用灌浆料自然养护 3d 和 7d 的抗压强度实测值

分别为87.6MPa和93.0MPa。本研究每种工况3根钢丝完全相同，拉拔荷载值的数据处理参照国家标准《普通混凝土力学性能试验方法标准》GB/T50081—2002[5-6]的规定。不同直径钢丝在不同养护龄期时拉拔荷载值与锚固长度的关系见图5-5。

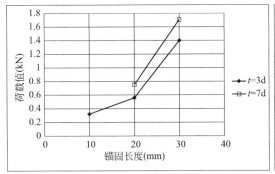

(a) D=2mm

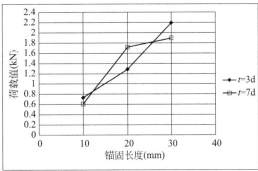

(b) D=3.5mm

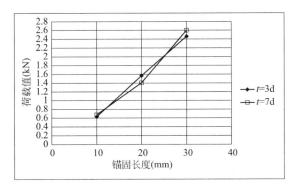

(c) D=5mm

图5-5 拉拔检测结果

由图5-5可知，灌浆料基体中预埋钢丝拉拔法不同试验参数的影响如下：

①钢丝直径：D=5mm时，数据比较稳定，拉拔荷载值与锚固长度之间的线性规律较好，D=2mm和D=3.5mm时，数据离散性均较大；D=5mm时，钢丝下料调直后，在使用过程中不容易弯折；D=5mm、l=30mm、t=7d时，钢丝的拉拔荷载值为2.602kN，是屈服荷载的1/8.2、抗拉荷载的1/8.5，钢丝完全处于弹性阶段，且变形较小，卸载后变形能完全恢复，钢丝可以重复使用。

②锚固长度：D=2mm时在养护龄期t=7d、锚固长度l=10mm情况下出现了无效数据（该组3个试件的最大值和最小值与中间值的差均超过中间值的15%），说明锚固长度越小数据离散性越大。调查表明，不同型号套筒出浆孔内钢筋表面到出浆孔边缘的距离均约为30mm（如图5-6所示），因而锚固长度选择30mm较符合各种常用规格套筒出浆孔的构造特征。考虑这段长度范围内灌浆料对钢丝的锚固作用，可有效反映套筒内灌浆的饱满性；而出浆孔外接PVC管内的浆体通过透明塑料管隔开，不考虑其锚固作用。

③养护龄期：根据灌浆料抗压强度实测结果，3d和7d抗压强度差别不大，分别为87.6MPa和93.0MPa，养护龄期可选择3d或7d；考虑到预埋钢丝的保护措施可能对现场施工有所影响，则优先选择养护龄期为3d。

　　因而，在后续套筒灌浆饱满性实验室和实际工程检测研究中，重点研究的检测参数为：钢丝直径 5mm、锚固长度 30mm、灌浆养护龄期 3d。

(a) 全灌浆套筒

(b) 半灌浆套筒

图 5-6　常用套筒出浆孔构造

5.3　实验室检测研究

5.3.1　预埋钢丝设计

　　预埋钢丝构造如图 5-7 所示，从左到右依次是锚固部分、透明塑料管、橡胶塞。在透明塑料管左端头内部的钢丝上适当缠绕透明胶带，防止浆体进入透明塑料管内，右端头则插入橡胶塞。透明塑料管主要用于隔绝钢丝与套筒出浆孔外接 PVC 管内灌浆料的接触。

钢丝直径为 5mm，透明塑料管内径为 6mm、外径为 8mm。橡胶塞上除有用于定位的钢丝穿孔外，还设有透气孔。考虑锚固长度、透明塑料管长度、检测设备高度等因素，钢丝下料长度统一为 390mm。

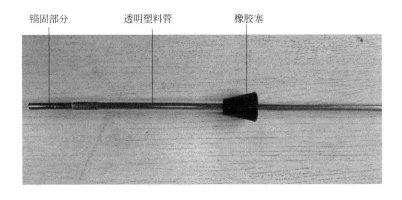

图 5-7　预埋钢丝设计

5.3.2　试件设计与成型

为进一步验证不同锚固长度对预埋钢丝拉拔法检测结果的影响，本次选用 10mm、20mm 和 30mm 三种锚固长度，但重点进行 30mm 锚固长度的检测试验研究。在套筒出浆孔插入直径为 5mm 的钢丝，钢丝直抵套筒内钢筋表面，然后进行灌浆，确保灌浆饱满密实。灌浆料自然养护 3d 和 7d 的抗压强度实测值分别为 92.1MPa 和 102.1MPa。

共进行了 6 组、18 个套筒灌浆试件的拉拔试验，其中 1～6 号为第 1 组、第 2 组、锚固长度 30mm、养护 7d、躺灌，7～9 号为第 3 组、锚固长度 30mm、养护 3d、躺灌，10～12 号为第 4 组、锚固长度 30mm、养护 3d、立灌；13～15 号为第 5 组、锚固长度 20mm、养护 7d、躺灌；16～18 号为第 6 组、锚固长度 10mm、养护 7d、躺灌。所有试件出浆孔外接 PVC 管的长度均为 60mm。套筒浇筑在混凝土中，混凝土强度等级为 C40。试件成型如图 5-8 所示。

(a) 躺灌　　　　　　　　　　　　　　(b) 立灌

图 5-8　试件成型

5.3.3 拉拔检测

拉拔前，先去掉出浆孔处钢丝上的橡胶塞，然后检查出浆孔的状态，主要观察透明塑料管内是否有浆体。经检查，透明塑料管和钢丝之间没有浆体流入，如图 5-9 所示。躺灌时拉拔如图 5-10 所示，立灌时拉拔如图 5-11 所示。

图 5-9　试件表面出浆孔处的透明塑料管

图 5-10　躺灌时拉拔

图 5-11　立灌时拉拔

5.3.4 拉拔检测结果分析

所有试件的拉拔荷载实测结果如表 5-2 所列。

拉拔荷载实测结果　　　　　　　　　　　　　　　表 5-2

D=5.0,l=30,t=7		D=5.0,l=30,t=3		D=5.0,l=30,t=3		D=5.0,l=20,t=7		D=5.0,l=10,t=7	
编号	荷载值(kN)	编号	荷载值(kN)	编号	荷载值(kN)	编号	荷载值(kN)	编号	荷载值(kN)
1	3.215	4	3.309	7	3.156	10	3.414	13	3.309	16	1.107
2	2.978	5	3.209	8	2.818	11	3.129	14	2.451	17	1.531
3	2.779	6	3.405	9	1.423	12	3.709	15	2.491	18	1.328
计算值	2.991	计算值	3.308	计算值	2.818	计算值	3.417	计算值	2.491	计算值	1.322

养护时间均为 7d，不同组别试件拉拔荷载计算值与锚固长度的关系曲线如图 5-12 所示。

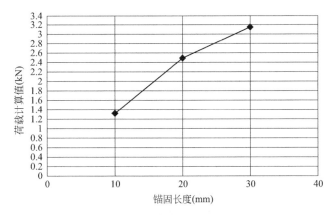

图 5-12　拉拔检测结果

由表 5-2 和图 5-12 可见：①拉拔荷载值与锚固长度基本呈线性关系，钢丝锚固长度分别为 10mm、20mm、30mm 时，对应的拉拔荷载计算值分别为 1.322kN、2.491kN、3.150kN（取第 1 组、第 2 组的平均值）。②随着灌浆养护时间延长拉拔荷载略有增加，养护时间分别为 3d 和 7d 时，锚固长度为 30mm 时对应的拉拔荷载分别为 2.818kN 和 3.150kN（均为躺灌情况）。③当灌浆按工序严格执行（如选用合格的灌浆料并严格配比、灌浆工人经过严格培训、封堵前延长持压 10～15s、注意拔出灌浆管的同时进行

图 5-13　钢丝拔出时的状态

封堵并紧固等）时，立灌试件的拉拔荷载能够与躺灌试件等同。④由于套筒灌浆试件的灌浆料强度略高于灌浆料基体强度，因而套筒试件的拉拔荷载略高于灌浆料基体试件的拉拔荷载。钢丝拔出时的状态如图 5-13 所示。

由图 5-13 可见，①钢丝位于透明塑料管内的部分没有粘结浆体，说明在透明塑料管端头内部钢丝上缠绕透明胶带对防止浆体进入透明塑料管内是有效的；②在透明塑料管端头内部钢丝上缠绕透明胶带基本没有异常，钢丝拔出时透明胶层不会在透明塑料管内壁产生较大的摩擦（实验室实测摩擦力为 0.053kN，可忽略不计），从而不影响实际拉拔荷载值。

5.3.5　内窥镜法校核

通过在预埋钢丝拉拔形成的孔道中伸入内窥镜头对套筒内灌浆饱满性进行检测。锚固长度均为 30mm 的 1～12 号试件对应的内窥镜观测结果如图 5-14 所示。

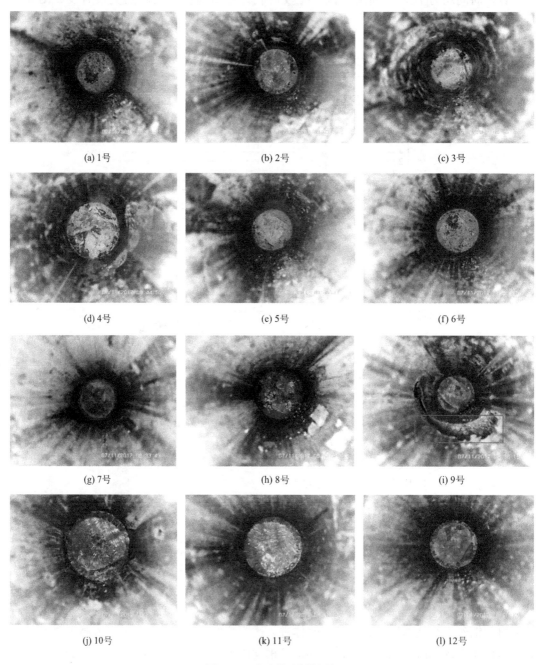

图 5-14　内窥镜观测结果

由图 5-14 可见，1～12 号试件中除 9 号外拉拔荷载值均在 2.8～3.7kN 之间，内窥镜检测结果显示套筒内灌浆均饱满；而拉拔荷载值为 1.423kN 的 9 号试件，内窥镜检测结果显示套筒内灌浆不饱满，存在明显的空洞。因此，预埋钢丝拉拔法检测结果能准确地表征套筒内灌浆是否饱满。

5.4 实际工程检测研究

5.4.1 实际工程（一）

5.4.1.1 预埋钢丝选择

基于预埋钢丝拉拔法参数研究和实验室套筒灌浆饱满性检测结果，采用预埋钢丝拉拔法对实际工程的套筒灌浆饱满性进行检测。选用直径为 5mm 的钢丝，锚固长度为 30mm，灌浆养护龄期为 7d。钢丝下料长度根据现场实际情况确定。

5.4.1.2 现场预埋钢丝并灌浆

选择上海莘庄某装配式夹心保温剪力墙结构，混凝土强度等级为 C30。预制夹心保温剪力墙内叶墙厚度为 200mm，套筒全部布置在内叶墙。墙体两端各两个套筒，双排对称布置，套筒中心间距为 120mm，套筒中心到最近墙体边缘的距离为 40mm；墙体中间套筒单排居中布置，套筒中心到墙体边缘的距离为 100mm。套筒中心沿墙体长度方向的间距为 336mm。单排居中布置的套筒和双排套筒中靠近室内墙体表面的套筒（双排前侧套筒），与其出浆孔相连的 PVC 管均垂直伸到室内墙体表面；双排套筒中远离室内墙体表面的套筒（双排后侧套筒），与其出浆孔相连的 PVC 管从旁边水平斜向伸到室内墙体表面。套筒位置如图 5-15 所示。

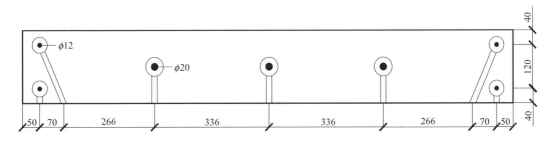

图 5-15　套筒布置图（mm）

现场共选择了 14 个套筒进行了预埋钢丝拉拔法灌浆饱满性检测，分布在三片墙体中。其中墙体 1 和墙体 2 均选择中间 3 个单排居中布置套筒和一端 2 个双排对称布置套筒预埋钢丝；墙体 3 选择两端 2 个双排对称布置套筒预埋钢丝。具体如图 5-16 所示。

5.4.1.3 现场拉拔检测

现场灌浆并养护 7d 后进行拉拔检测。拉拔时，组装好的拉拔设备放置在三脚架上，三脚架可自由调节高度，确保拉拔设备相对于钢丝的位置适中。对于斜向伸出的钢丝，在加载设备与墙体接触的部位增加斜塞，确保加载方向与钢丝在同一轴线上。现场拉拔检测如图 5-17 所示。

5.4.1.4 现场拉拔检测结果分析

现场拉拔检测结果如表 5-3 所示。

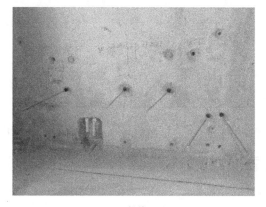 

(a) 墙体1   (b) 墙体2

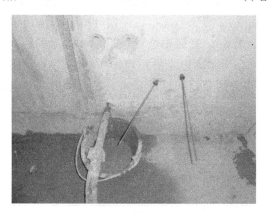

(c) 墙体3

图 5-16 现场预埋钢丝并灌浆

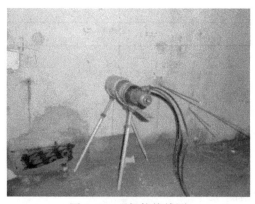

图 5-17 现场拉拔检测

现场拉拔检测结果   表 5-3

墙体 1			墙体 2			墙体 3		
编号	荷载值(kN)	备注	编号	荷载值(kN)	备注	编号	荷载值(kN)	备注
1	1.039	—	1	—	钢丝碰坏	1	1.356	—
2	—	钢丝碰坏	2	—	钢丝碰坏	2	1.405	—

墙体 1			墙体 2			墙体 3		
编号	荷载值(kN)	备注	编号	荷载值(kN)	备注	编号	荷载值(kN)	备注
3	—	钢丝碰坏	3	1.059	—	3	0.060	—
4	2.709	—	4	—	钢丝碰坏	4	2.012	—
5	2.286	—	5	2.905	—	—	—	—

注：墙体 1 和墙体 2 的 1～3 号为单排居中布置套筒，4 号为双排后侧套筒，5 号为双排前侧套筒；墙体 3 的 1 号和 4 号为双排前侧套筒，2 号和 3 号为双排后侧套筒。

由表 5-3 可见，工程现场拉拔荷载普遍偏低，其原因包括：现场采用连通腔灌浆，灌浆管拔出前持压时间不充分，致使灌浆管拔出后部分浆体回流；当底部水平接缝处有机电 PVC 管道穿过时，接缝封堵质量不好导致漏浆，使得浆体回流更为严重。另外，由于养护时间较长且没有可靠的防护措施，导致部分预埋钢丝被碰坏或者被扰动，因此后续将现场检测时间缩短为灌浆养护 3d 后进行。

5.4.1.5 补充检测

由于第 1 次现场检测存在钢丝被碰坏及被扰动的情况，后续进行了补充检测。检测墙体 4～6 如图 5-18 所示，现场拉拔检测如图 5-19 所示，现场拉拔后同时用内窥镜进行了校核。

(a) 墙体4

(b) 墙体5

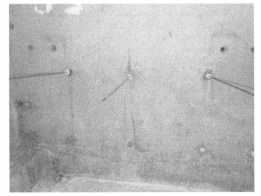
(c) 墙体6

图 5-18 现场检测的墙体

图 5-19 现场拉拔检测

现场拉拔检测结果如表 5-4 所示。

现场拉拔检测结果 表 5-4

墙体 4			墙体 5			墙体 6		
编号	荷载值(kN)	备注	编号	荷载值(kN)	备注	编号	荷载值(kN)	备注
1	2.134	—	1	0.556	—	1	2.054	—
2	2.054	—	2	0.105	—	2	2.167	—
3	0.109	—	3	0.110	—	3	3.465	—

注:墙体 4～6 的 1～3 号均为单排居中布置套筒。

现场内窥镜校核结果如图 5-20 所示。

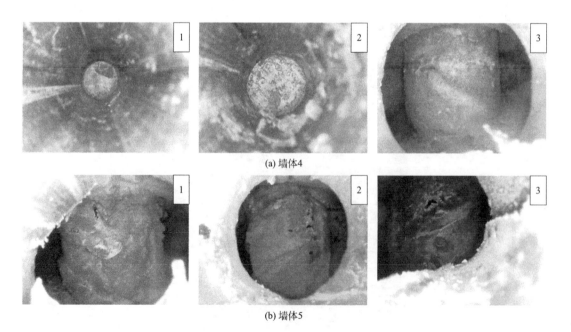

(a) 墙体4

(b) 墙体5

图 5-20 现场内窥镜校核结果

 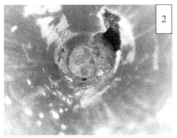 

(c) 墙体6

图 5-20　现场内窥镜校核结果（续）

现场内窥镜校核结果与实际拉拔力值是符合的。其中，墙体 4 的第 3 个套筒中的浆体已经到达出浆孔，但没有包裹预埋钢丝，可能是套筒下端灌浆孔封堵不及时导致浆体回流所致；墙体 5 的 3 个套筒灌浆均不饱满，这主要是因为连通腔灌浆时，该预制墙体与现浇墙体交界处的水平缝出现漏浆所致。

5.4.2　实际工程（二）

为进一步验证预埋钢丝拉拔法的实际应用效果，选择上海宝山某装配式夹心保温剪力墙结构，混凝土强度等级为 C30。外墙为预制夹心保温剪力墙，内叶墙厚度为 200mm，套筒全部布置在内叶墙，且居中布置。套筒连接钢筋直径为 20mm。选择某外墙（图 5-21）进行验证，现场拉拔检测如图 5-22 所示，现场拉拔后同时用内窥镜进行校核。

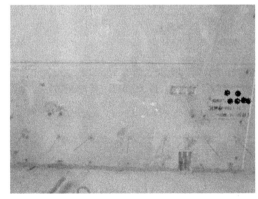 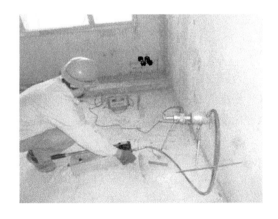

图 5-21　现场检测的墙体　　　　　　　图 5-22　现场拉拔检测

现场拉拔检测结果如表 5-5 所示。

现场拉拔检测结果　　　　　　　　　　表 5-5

编号	1	2	3	4	5	6	7
荷载值(kN)	2.704	0.325	2.347	2.409	3.007	3.867	1.083

现场内窥镜校核结果如图 5-23 所示。

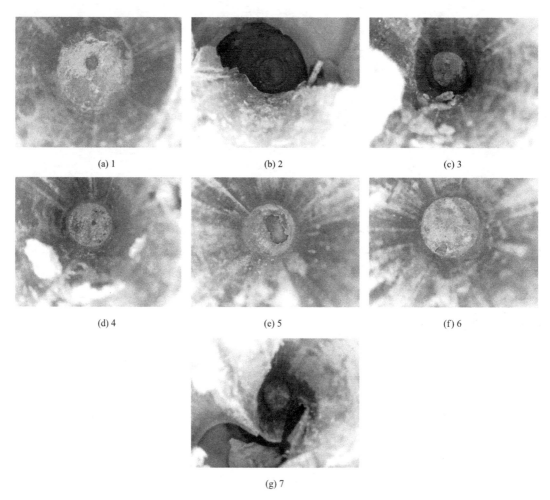

(a) 1　　　　　　　　　(b) 2　　　　　　　　　(c) 3

(d) 4　　　　　　　　　(e) 5　　　　　　　　　(f) 6

(g) 7

图 5-23　现场内窥镜校核结果

　　根据表5-5，2号套筒和7号套筒对应的拉拔荷载值偏低，现场内窥镜校核显示这两个套筒灌浆确实不饱满。

5.5　预埋钢丝拉拔法测试原理及判定准则探讨

　　应用预埋钢丝拉拔法时，钢丝与灌浆料之间的粘结锚固性能计算公式为：

$$F = \tau_{u} \cdot \pi d \cdot l_{a} \tag{5-1}$$

　　式中：F 为拉拔荷载、τ_{u} 为粘结应力、d 为钢丝直径、l_{a} 为锚固长度。

　　将钢丝插入套筒出浆孔，当灌浆料浆体由饱满状态逐渐回落时，浆体对钢丝的包裹周长由 πd 变为 0，从而导致拉拔荷载 F 不断减小至 0。因此，通过拉拔荷载 F 的大小可以判断灌浆的饱满程度。

　　图 5-24 为预埋钢丝被浆体包裹情况详图，同时在图右侧附上了预埋传感器法中传感器的位置图，以便进行对比。预埋钢丝直径为 5mm，与传感器一样，事先预埋在出浆口中心高度位置。由图 5-24 可见，预埋钢丝被浆体包裹 40% 时，钢丝表面的浆体高度略高

于传感器右侧标注 4mm 的位置，因此，可以选择预埋钢丝被浆体包裹 40% 的位置作为灌浆饱满最低可接受位置。

基于以上分析，并考虑在预埋钢丝 30mm 锚固长度范围内被浆体包裹的均匀性可能不一致，同时结合大量试验数据，提出预埋钢丝拉拔法检测结果的判定准则为：取同一批测点极限拉拔荷载中 3 个最大值的平均值，该平均值的 60% 记为 a，该平均值的 40% 记为 b；如果测点数据高于 a 且不低于 1.5kN，可判断测点对应套筒灌浆饱满；如果测点数据低于 b 或低于 1.0kN，可判断测点对应套筒灌浆不饱满；其他情况应进一步采用内窥镜进行校核。同一批测点是指在同一批灌浆料、同一水灰比、同一灌浆工艺（同一灌浆方式、同一灌浆单位等）、同一养护条件下完成的测点。

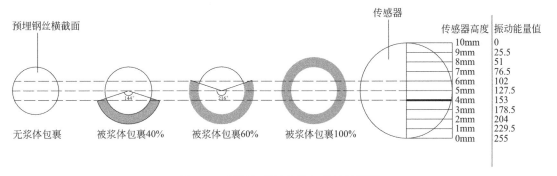

图 5-24　预埋钢丝被浆体包裹情况详图

5.6　本章小结

（1）在灌浆料基体、实验室和工程现场大量检测研究基础上，研发的预埋钢丝拉拔法是一种简单、实用、经济的套筒灌浆饱满性检测方法。

（2）考虑到检测效果和工程现场检测条件，建议选用直径为 5mm 的高强不锈钢钢丝，锚固长度为 30mm，养护时间为 3d，钢丝长度可根据工程实际确定。

（3）预埋钢丝拉拔法应与内窥镜法结合使用，以提高套筒灌浆饱满性的检测精度。

（4）预埋钢丝拉拔法检测结果的判定准则为：取同一批测点极限拉拔荷载中 3 个最大值的平均值，该平均值的 40% 记为 a，该平均值的 60% 记为 b。如果测点数据高于 b 且不低于 1.5kN，可判断测点对应套筒灌浆饱满；如果测点数据低于 a 或低于 1.0kN，可判断测点对应套筒灌浆不饱满；其他情况应进一步用内窥镜进行校核。实验室和现场大量检测结果表明，基于以上准则进行判定是合适的。

参考文献

[5-1] 高润东，李向民，许清风．装配整体式混凝土建筑套筒灌浆存在问题与解决策略 [J]．施工技术，2018，47（10）：1-4，10.

[5-2] 苏杨月，赵锦锴，徐友全，等．装配式建筑生产施工质量问题与改进研究 [J]．建

筑经济，2016，37（11）：43-48.

[5-3] 常春光，王嘉源，李洪雪. 装配式建筑施工质量因素识别与控制 [J]. 沈阳建筑大学学报，2016，18（1）：58-63.

[5-4] 中华人民共和国住房和城乡建设部. JG/T 408—2013 钢筋连接用套筒灌浆料 [S]. 北京：中国标准出版社，2013.

[5-5] 中华人民共和国住房和城乡建设部. JG/T 398—2012 钢筋连接用灌浆套筒 [S]. 北京：中国标准出版社，2013.

[5-6] 中华人民共和国住房和城乡建设部. GB/T 50081—2002 普通混凝土力学性能试验方法标准 [S]. 北京：中国建筑工业出版社，2002.

基于钻孔内窥镜法的套筒灌浆饱满性检测技术研究

大量实际工程调研表明，由于灌浆孔封堵不及时或预制构件底部接缝漏浆，套筒内浆体回流现象比较普遍[6-1,6-2]。浆体回流就会导致套筒灌浆不饱满，具体表现为：处于竖向状态的套筒内部的浆体直接回落，液面可能低于钢筋最小锚固长度（8d）要求的高度，而处于水平状态的套筒出浆孔管道里的浆体往往回流不明显，容易给人们造成套筒灌浆饱满的错觉。针对以上套筒内浆体回流的特点，在实验室试验和工程实践基础上，本章提出了钻孔结合内窥镜[6-3,6-4]检测套筒灌浆饱满性的方法。在套筒出浆孔管道钻孔，然后沿孔道下沿水平伸入内窥镜观测套筒顶部灌浆是否饱满；或在套筒出浆孔和灌浆孔连线的任意位置钻孔并钻透套筒壁厚，然后沿孔道下沿水平伸入内窥镜观测套筒内部灌浆是否饱满。该方法不需要预埋元件，操作简单易行，对灌浆套筒力学性能无明显不利影响，且可用于在建或已建成装配式混凝土结构套筒灌浆质量的检测。

6.1 检测设备

钻孔涉及两种设备：手电钻配空心圆柱形钻头[6-5]和冲击钻配实心螺旋式钻头。手电钻和冲击钻的配置要求为：额定电压220kV，功率大于1000W。空心圆柱形钻头和实心螺旋式钻头的外径均不超过套筒出浆孔管道的内径，且不小于10mm，钻头有效工作长度均不小于构件表面出浆孔到套筒内壁（较远一侧）的距离。空心圆柱形钻头的壁厚一般不超过1.3mm，钻孔端头不小于10mm范围内为金刚石砂材料。实心螺旋式钻头为常规冲击钻头。

6.2 检测方法与步骤

6.2.1 套筒顶部灌浆饱满性检测步骤

①将空心圆柱形钻头对准位于构件表面的出浆孔，然后用手电钻配空心圆柱形钻头钻至套筒内钢筋或套筒内壁位置。

②开启电钻，钻头行进方向始终与套筒出浆孔管道保持一致，当钻头碰触到套筒内钢筋或套筒内壁时，发出钢-钢接触异样声音，停止钻孔。

③沿钻孔孔道下沿水平伸入内窥镜探头观测是否存在灌浆缺陷，如有灌浆缺陷则测量缺陷深度。

6.2.2　套筒中部灌浆饱满性检测步骤

①选用钢筋探测仪探测灌浆套筒的准确位置并确定待钻点。

②将实心螺旋式钻头对准位于构件表面的待钻点，待钻点位于灌浆孔与出浆孔的连线上。

③开启冲击钻，钻头行进方向始终与构件表面垂直，当钻至套筒表面时，发出钢-钢接触异样声音，停止钻孔并更换手电钻，继续钻孔直至钻透套筒壁厚，钻头因接触灌浆料或空隙改变声音，之后钻头又碰触到套筒内钢筋，再次发出钢-钢接触异样声音，停止钻孔。

④沿钻孔孔道下沿水平伸入内窥镜探头观测是否存在灌浆缺陷，如有灌浆缺陷则测量缺陷深度。

6.3　试验验证

6.3.1　套筒不同位置钻孔内窥镜法检测

试验选择 3 个型号为 GTZQ4-25 的套筒及配套灌浆料，套筒预埋在混凝土试件中，试件高度同套筒高度，试件厚度为 200mm，套筒在厚度方向上居中布置。灌浆后，1 号套筒不做放浆处理，2 号和 3 号套筒均放掉部分浆体。其中，3 号放浆多于 2 号。

在 1～3 号套筒出浆孔管道用手电钻配空心圆柱形钻头钻孔，如图 6-1 所示；为验证内窥镜对灌浆缺陷深度测量的准确性，根据内窥镜测量结果，在 2 号和 3 号套筒相应位置先用冲击钻配实心螺旋式钻头钻至套筒表面，再改用手电钻配空心圆柱形钻头钻透套筒壁并钻至套筒内钢筋位置，如图 6-2 所示。钻孔后的试件如图 6-3 所示。

图 6-1　手电钻配空心圆柱形钻头成孔

(a) 先用冲击钻配实心螺旋式钻头

(b) 再用手电钻配空心圆柱形钻头

图 6-2　冲击钻和手电钻组合使用成孔

图 6-3　钻孔后的试件

在套筒出浆孔管道钻孔完成后，沿孔道下沿水平伸入内窥镜观测实际灌浆情况。选用两款内窥镜，一款是仅带前视镜头的 Avanline ϕ3.9mm 型内窥镜，一款是带侧视镜头及测距功能的 GE Mentor Visual IQ ϕ4.0mm 型内窥镜，观测结果如图 6-4 所示。由图 6-4（a）、（b）可见，1 号套筒灌浆饱满；由图 6-4(c)、（d）、（e）、（f）、（g）、（h）可见，2 号套筒和 3 号套筒前视图和向下侧视图均显示灌浆不饱满，2 号套筒测距图显示灌浆缺陷深度为 44.38mm、3 号为 86.55mm，这与试验时 3 号套筒放浆多于 2 号套筒一致。另外，图中显示钻孔后只有极少量杂质落入 2 号和 3 号套筒内部，不会影响后期补灌的效果。

为验证图 6-4 中内窥镜测量灌浆缺陷深度的准确性，图 6-5 展示了在内窥镜测量所得套筒灌浆不饱满的下沿处钻孔，然后再用内窥镜进行校核。由图 6-5(a)、（b）、（c）可见，在距离 2 号套筒出浆孔底部约 44.4mm 的位置钻孔，然后用 GE Mentor Visual IQ ϕ4.0mm 型内窥镜观测，向下侧视图显示灌浆料顶面位置，向上侧视图则显示无灌浆料存在，验证了内窥镜对灌浆缺陷深度测量的准确性；由图 6-5(d)、（e）、（f）可见，在距离 3 号套筒出浆孔底部约 86.6mm 的位置钻孔，然后用内窥镜观测，同样，向下侧视图显示灌浆料顶面位置，向上侧视图则显示无灌浆料存在，再次验证了内窥镜对灌浆缺陷深度测量的准确性。

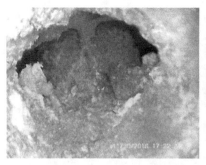
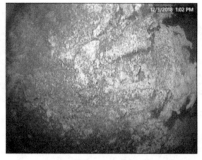

(a) 1号套筒前视图　　　　　　　　　　　　(b) 1号套筒向下侧视图

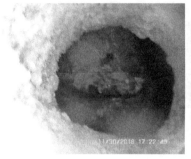
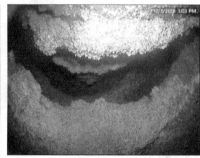

(c) 2号套筒前视图　　　　　　(d) 2号套筒向下侧视图　　　　　　(e) 2号套筒测距图

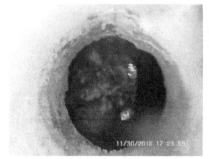

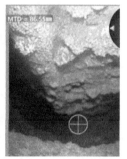

(f) 3号套筒前视图　　　　　　(g) 3号套筒向下侧视图　　　　　　(h) 3号套筒测距图

图 6-4　套筒出浆孔管道钻孔后内窥镜观测结果

6.3.2　套筒钻孔对接头单向拉伸性能的影响

为了解在套筒管壁钻孔可能对结构性能的影响，进行了不同位置钻孔对灌浆套筒力学性能影响的试验研究。选择适用直径 25mm 钢筋的套筒，相应灌浆料水灰比为 0.14，标准养护条件下 28d 抗压强度为 107.8MPa。套筒灌浆饱满密实。在套筒上部（S1～S3 号套筒，约套筒长度的 1/4 处）和中部（S4～S6 号套筒，约套筒长度的 1/2 处）钻孔，钻孔直径为 12mm。单向拉伸试验结果如表 6-1 所列，破坏形态如图 6-6 所示。由表 6-1 和图 6-6 可见，接头单向拉伸性能符合行业标准《钢筋套筒灌浆连接应用技术规程》JGJ 355—2015[6-6] 的要求。因此，在灌浆套筒管壁钻孔进行灌浆饱满性检测对灌浆套筒接头的单向拉伸性能没有明显不利影响。

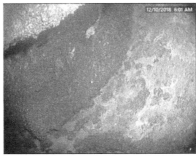
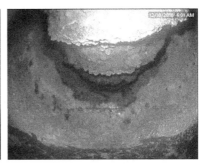

(a) 2号套筒成孔距离测量　　　　(b) 2号套筒向下侧视图　　　　(c) 2号套筒向上侧视图

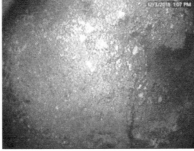
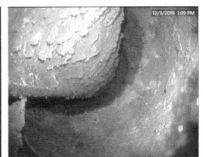

(d) 3号套筒成孔距离测量　　　　(e) 3号套筒向下侧视图　　　　(f) 3号套筒向上侧视图

图 6-5　套筒其他位置钻孔后内窥镜校核结果

单向拉伸试验结果　　　　　　　　　　　　　　　　表 6-1

编号	屈服强度（MPa）	抗拉强度（MPa）	残余变形（mm）		最大力下总伸长率（%）		破坏模式
			实测值	平均值	实测值	平均值	
S1	440.3	617.1	0.01	0.04	16.3	16.3	断上钢筋
S2	439.5	616.4	0.09		14.3		断下钢筋
S3	438.2	615.5	0.01		18.3		断下钢筋
S4	450.5	622.2	0.08	0.05	17.3	15.6	断下钢筋
S5	438.4	614.4	0.01		15.3		断上钢筋
S6	439.8	616.7	0.07		14.3		断上钢筋

注："断上钢筋"表示套筒接头外的上段钢筋被拉断，"断下钢筋"表示套筒接头外的下段钢筋被拉断。

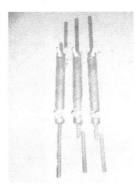
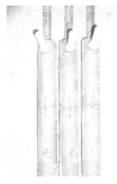
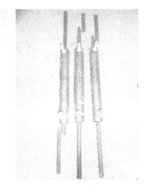

(a) S1～S3钻孔位置　　(b) S1～S3钢筋拉断位置　　(c) S4～S6钻孔位置　　(d) S4～S6钢筋拉断位置

图 6-6　破坏形态

6.4 套筒灌浆饱满度计算

灌浆饱满度计算简图如图 6-7 所示。

设套筒内钢筋的锚固长度为 $8d$，d 为钢筋公称直径。锚固长度最高点相对于钻孔孔道下沿位置的深度记为 y，如果锚固长度最高点低于钻孔孔道下沿位置，y 为正值，反之 y 为负值。每个套筒生产厂家的产品手册上均有具体的参数，可求出每种规格套筒的 y 值。x 为通过内窥镜测得的灌浆缺陷深度。

灌浆饱满度计算公式为：$P=[8d-(x-y)]/(8d)\times100\%$。当 $x=0$ 时，取 $P=100\%$，直接判别该套筒灌浆饱满；当计算的 P 值大于 100% 时，取 $P=100\%$，判别该套筒灌浆饱满。该计算方法适用于全灌浆套筒内上段钢筋和半灌浆套筒内下段钢筋灌浆饱满度的计算。

本章 6.3.1 节中选用的 GTZQ4-25 型套筒，$y=-4.5$mm。2 号套筒内窥镜测得的缺陷深度 $x=44.4$mm，3 号套筒内窥镜测得的缺陷深度 $x=86.6$mm。则 2 号套筒灌浆饱满度 $P=[8\times25-(44.4+4.5)]/(8\times25)\times100\%=75.6\%$，3 号饱满度为 $P=[8\times25-(86.6+4.5)]/(8\times25)\times100\%=54.5\%$。

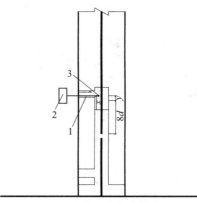

图 6-7 灌浆饱满度计算简图
1—钻孔孔道下沿；2—内窥镜；
3—带测距功能的探头

6.5 实际工程检测研究

为进一步验证钻孔内窥镜法检测套筒灌浆饱满性的实用性，在上海松江某实际工程的套筒出浆孔管道用手电钻配空心圆柱形钻头钻至套筒内钢筋位置，然后沿钻孔孔道下沿水平伸入 GE Mentor Visual IQ $\phi4.0$mm 型内窥镜镜头进行观测，如图 6-8 所示。先用内窥镜前视镜头进行观测，发现灌浆不饱满，再用侧视镜头向下观测并成像，最后用测距镜头测量灌浆缺陷深度，检测结果如图 6-9 所示。该实测案例进一步表明用钻孔内窥镜法检测套筒灌浆饱满性是可靠的，且操作简单易行。

(a) 钻孔

(b) 清孔

(c) 内窥镜观测

图 6-8 钻孔内窥镜法工程实测

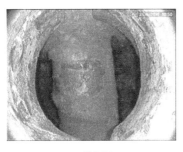
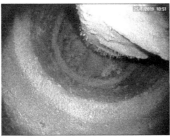

(a) 前视图　　　　　　　　　　(b) 向下侧视图　　　　　　　　(c) 测距图

图 6-9　钻孔内窥镜法工程实测结果

6.6　本章小结

（1）在实验室试验和工程实践基础上，提出了钻孔结合内窥镜检测套筒灌浆饱满性的方法。即在套筒出浆孔管道钻孔，然后沿孔道下沿水平伸入内窥镜观测套筒顶部灌浆是否饱满；或在套筒出浆孔和灌浆孔连线的任意位置钻孔并钻透套筒壁厚，然后沿孔道下沿水平伸入内窥镜观测套筒内部灌浆是否饱满。建议套筒筒壁钻孔直径不超过 12mm，满足以上要求的筒壁钻孔不影响灌浆套筒连接接头的单向拉伸性能。

（2）在套筒出浆孔钻孔检测套筒灌浆饱满性时，当套筒内灌浆料界面不低于内窥镜测量镜头伸入位置时，应判定灌浆饱满；当套筒内灌浆料界面低于内窥镜测量镜头伸入位置时，应判定灌浆不饱满并记录灌浆缺陷深度。

（3）在套筒筒壁钻孔检测套筒灌浆饱满性的结果判定应结合钻孔位置进行综合分析。由于套筒灌浆饱满性是基于灌浆料界面相对出浆孔位置作出的规定，因此当选择在套筒筒壁钻孔，所成孔一般位于出浆孔下方，伸入内窥镜观测时，既要向下观测，同时又要向上观测，才能综合判断是否存在灌浆缺陷。

（4）基于钻孔内窥镜法检测套筒灌浆饱满性的检测结果，提出了套筒灌浆饱满度的计算公式，实现了套筒灌浆缺陷的定量评估。

（5）钻孔内窥镜法不需要事先预埋元件，操作步骤简单易行，且对灌浆套筒轴向受拉性能无明显不利影响，可广泛应用于在建或已建装配式混凝土结构套筒灌浆饱满性的检测。

参考文献

[6-1] 高润东，李向民，许清风．装配整体式混凝土建筑套筒灌浆存在问题与解决策略[J]．施工技术，2018，47（10）：1-4，10.

[6-2] 周若涵，翁雯．钢筋套筒灌浆接头的质量监督及检测研究[J]．工程质量，2018，36（10）：111-113.

[6-3] 许清风，李向民，高润东，等．一种基于钻芯成孔的套筒灌浆饱满度的检测方法

［P］.CN 109211909 A，2019-01-15.

［6-4］高润东，李向民，张富文，等．一种适用套筒中部灌浆缺陷的检测方法［P］.CN 109490326 A，2019-03-19.

［6-5］李向民，刘辉，高润东，等．用于套筒出浆孔管道钻芯成孔的超长小直径空心圆柱形钻头［P］.CN 209491368 U，2019-10-15.

［6-6］中华人民共和国住房和城乡建设部.JGJ 355—2015 钢筋套筒灌浆连接应用技术规程［S］.北京：中国建筑工业出版社，2015.

基于 X 射线数字成像法的套筒灌浆饱满性和密实性检测技术研究

用于检测套筒灌浆质量的 X 射线数字成像法（DR），是基于 X 射线探伤原理，用 X 射线透照预制混凝土构件，通过平板探测器接收图像信息并进行数字成像来判定套筒灌浆饱满性和密实性的方法。课题组前期分别进行了 X 射线工业 CT 法、X 射线胶片成像法、X 射线计算机成像法（CR）、X 射线数字成像法（DR）检测套筒灌浆质量的试验研究[7-1~7-3]，研究结果表明，X 射线工业 CT 法可实现 360 度全方位扫描，能够清晰显示套筒内部的灌浆缺陷，但该方法只能在实验室使用，无法在工程现场应用；X 射线胶片成像比较模糊，不利于灌浆缺陷的识别，而且胶片成像涉及后期洗片，检测效率比较低；X 射线计算机成像法是间接二次成像（IP 成像板—潜像形成—扫描读取—图像输出），因图像形成环节多，丢失了部分有用的图像信息，降低了图像的信噪比，成像也比较模糊；而 X 射线数字成像法是直接成像（平板探测器—图像输出），数字图像形成环节少，有用的图像信息损失少，图像的信噪比和空间分辨率均比较高。因此，X 射线数字成像法检测效果最好，是 X 射线技术用于套筒灌浆质量检测的重要发展方向。目前，我国已经颁布了 X 射线数字成像技术的相关标准[7-4~7-6]，为 X 射线数字成像技术的推广应用提供了依据。但该技术用于套筒灌浆质量检测仍需解决以下问题：①钢筋套筒灌浆连接接头构造复杂，X 射线数字成像的清晰度有待提高；②主要通过肉眼观察图像对检测结果进行定性判断，尚未建立定量识别方法，人为影响较大。

当前 X 射线数字成像的硬件系统相对固定，为了增强图像质量，课题组对软件系统和操作流程进行了优化和提升。拍摄时，平板探测器加入长时积分成像功能，用于提升成像质量。后期图像处理时，采用量子降噪技术，去除量子噪声，提升信噪比和清晰度；采用散射线抑制技术，去除散射线，调整曝光度，提升边缘清晰度；采用多模式灰度曲线映射，通过曲线映射调整灰度分布，增强结构和缺陷图像信息。提升后的软件系统具备自动计算图像灰度的功能，本章在标准试件和实际工程检测研究基础上，提出了基于 X 射线数字成像法的套筒灌浆饱满性和密实性检测方法。

7.1 检测设备

X射线机采用的机型为YXLON SMART EVO 300DS，焦点大小为1.0mm，电压范围50～300kV，电流范围0.5～4.5mA，最大X射线功率900W，辐射角为30°×60°，最大辐射泄漏值5.0mSv/h，环境防护等级IP65，工作温度范围—20～50℃。平板探测器的分辨率为3.2lp/mm，线性动态范围不超过82dB。

7.2 检测方法与步骤

X射线数字成像法检测原理示意图如图7-1所示。检测的具体步骤如下：①平板探测器就位，位于预制剪力墙试件的一侧，并紧贴墙体的表面；②X射线机就位，位于预制剪力墙试件的另一侧，根据现场调试确定的数值，调节X射线机的焦距使其符合检测要求；③将X射线机与中央控制器相连；④根据预试验确定的数值，通过中央控制器设置电压、电流、曝光时间及X射线机的延迟开启时间；⑤检测现场所有检测人员退到安全距离以外，确保检测时的人身安全；⑥开始检测，X射线机发射X射线，X射线穿过预制剪力墙试件在平板探测器上实时成像；⑦图像采集，通过平板探测器与计算机之间的无线云数据传输（也可以根据实际情况采用有线形式），实现计算机远程实时接收图像。

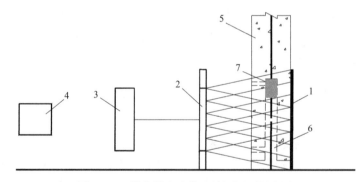

图7-1 X射线数字成像法检测原理示意图

1—平板探测器；2—X射线机；3—中央控制器；4—计算机；5—预制构件；6—灌浆套筒；7—灌浆缺陷

7.3 标准试件和实际工程检测参数

标准试件和实际工程墙体检测均在实际工程现场开展，标准试件检测如图7-2所示，实际工程墙体检测如图7-3所示。标准试件中的套筒预设灌浆缺陷，用于验证X射线数字成像的效果；在此基础上，通过实际墙体中套筒灌浆质量的检测，判断灌浆缺陷区和灌浆饱满区的灰度分布规律。

标准试件GSR5厚度为200mm，套筒单排居中布置，钢筋直径为20mm，套筒内径为42mm、外径为51mm，套筒全长范围内实际灌浆饱满为60%。套筒外侧有纵筋。

标准试件GSR7厚度为200mm，套筒梅花形布置，钢筋直径为16mm，套筒内径为

38mm、外径为 46mm，套筒全长范围内实际灌浆饱满度为 60%。套筒外侧无纵筋。

图 7-2 标准试件检测

(a) X射线机

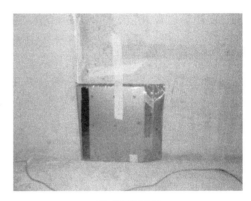

(b) 平板探测器

图 7-3 实际墙体检测

实际工程墙体 W 属于预制夹心保温混凝土剪力墙外墙板，内叶墙厚度为 200mm、保温层厚度为 50mm、外叶墙厚度为 60mm，套筒在内叶墙单排居中布置，钢筋直径为 20mm，套筒内径为 40mm、外径为 52mm。检测灌浆套筒编号为 W1、W2。

实际工程墙体 N 属于预制混凝土剪力墙内墙板，墙体厚度为 200mm，套筒单排居中布置，钢筋直径为 20mm，套筒内径为 40mm、外径为 52mm。检测灌浆套筒编号为 N1～N6。

实际工程墙体 M 属于预制混凝土剪力墙内墙板，墙体厚度为 200mm，套筒单排居中布置，钢筋直径为 20mm，套筒内径为 40mm、外径为 52mm。检测灌浆套筒编号为 M1～M6。

以上各灌浆套筒的 X 射线数字成像检测参数如表 7-1 所列。

检测参数			表 7-1
套筒编号	焦距(mm)	电压(kV)	电流(mA)	曝光时间(min)
GSR5	750	250	3.6	2.5
GSR7	750	250	3.6	2.5

续表

套筒编号	焦距(mm)	电压(kV)	电流(mA)	曝光时间(min)
W1~W2	750	290	3.1	3.0
N1~N6	750	250	3.6	2.5
M1~M6	750	250	3.6	2.5

注：W1~W2套筒所在墙体厚度为310mm，其他套筒所在墙体或试件厚度为200mm，因此检测参数设置有所差别。

7.4 标准试件检测结果与图像灰度分析方法

标准试件检测结果如图7-4所示。

由图7-4可见，无论是套筒单排居中布置的GSR5，还是套筒梅花形布置的GSR7（外侧套筒），X射线数字成像显示套筒内部各元素非常清晰，套筒内方框部分钢筋周边的灰度值明显高于套筒内其他部位，表明其存在灌浆缺陷，该检测结果与套筒全长范围内灌浆饱满度为60%相符，也与之前通过高能X射线工业CT技术检测的结果吻合[7-1]。通过标准试件检测验证了图像质量提升效果明显，图像质量符合进一步定量识别的要求。

定量识别时，可参考如图7-5所示的标准试件图像灰度分析。以图7-5(a)为例：图7-5(a)中左图为灌浆套筒X射线数字成像，图像中标记了上划线和下划线；图7-5(a)中右侧上图是与左图中上划线对应的灰度曲线；图7-5(a)中右侧下图是与左图中下划线对应的灰度曲线。

(a) GSR5 　　　　　 (b) GSR7

图7-4　标准试件检测结果

灰度曲线通过软件系统自动计算，并进行了归一化处理。灰度曲线图中，筒外表示套筒以外的灰度分布，具体分析时可不予考虑；筒壁和套筒内钢筋位置由于密度较大，归一化灰度值很小。灌浆区如没有灌浆料存在［图7-5(a)左图中上划线对应套筒内钢筋右侧位置］，则归一化灰度值很大；如存在灌浆料［图7-5(a)左图中下划线对应套筒内钢筋右侧位置］，则归一化灰度值较小。识别灌浆区是否有灌浆料时，灌浆区灰度值计算一般取套筒内钢筋两侧归一化灰度峰值的平均值；如没有钢筋通过，则直接取灌浆区归一化灰度峰值。应当指出的是，如果某灌浆区存在套筒外钢筋投影、套筒肋投影或其他非灌浆料元素投影的影响，则该区域灰度值将不能完全反映实际灌浆饱满情况。

根据上述灰度值计算原则，图7-5(a)（GSR5试件）左图上划线对应套筒内钢筋左侧区域存在套筒外钢筋投影；右侧区域归一化灰度值为1.00，灌浆不饱满。图7-5(a)（GSR5试件）左图下划线对应套筒内钢筋左侧区域存在套筒外钢筋投影；右侧区域归一化灰度值为0.60，灌浆饱满。图7-5(b)（GSR7试件）左图上划线对应套筒内钢筋左侧区域存在套筒肋投影；右侧区域归一化灰度值为0.85，灌浆不饱满。图7-5(b)（GSR7试件）左图下划线对应灌浆区取套筒内钢筋两侧归一化灰度峰值的平均值，经计算为 0.49，灌浆饱满。

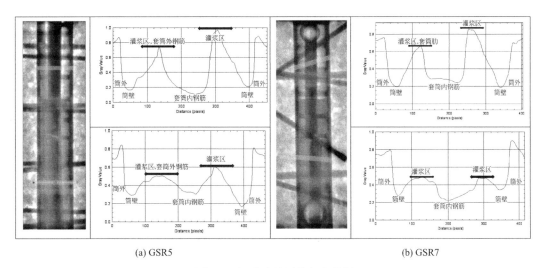

(a) GSR5　　　　　　　　　　　　　　　(b) GSR7

图 7-5　标准试件图像灰度分析

7.5　实际工程检测结果分析

实际墙体 W、N、M 中灌浆套筒 X 射线数字成像检测结果与图像灰度分析如图 7-6 所示，其中，灰度曲线所对应的套筒内部位置同图 7-5 的规定。由图 7-6 可见，实际墙体检测时，由于排除了边界效应的影响，X 射线数字成像显示套筒内部各元素更加清晰；存在灌浆缺陷区时，其对应的灰度与灌浆饱满区有显著差别，易于判别。通过实际墙体检测进一步验证了图像质量提升的有效性与可靠性。

图 7-6 中各套筒的上划线和下划线对应的灌浆区灰度计算取值如表 7-2 所列。其中，需要特别说明的是，N 内墙的 N6 套筒灌浆缺陷比较小且分布不均匀，上划线的套筒内钢筋左侧位置有灌浆料，上划线的套筒内钢筋右侧位置则没有灌浆料，这里采取左右侧分别取值。标准试件 GSR5 和 GSR7 的检测结果见表 7-2。

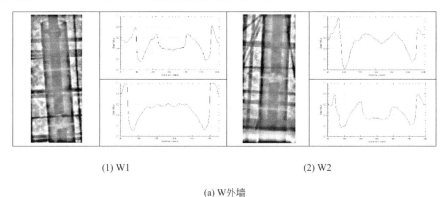

(1) W1　　　　　　　　　　　　　　　(2) W2

(a) W 外墙

图 7-6　实际墙体图像灰度分析

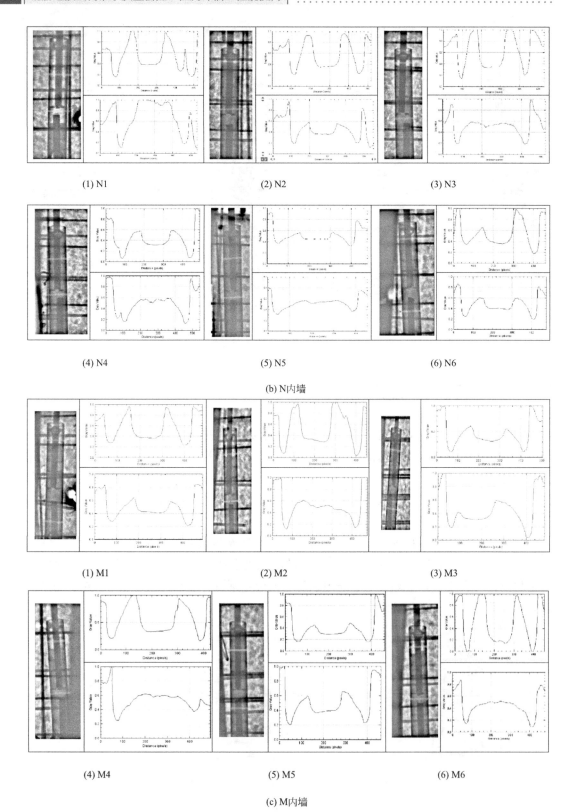

(1) N1　　　　　　　　　(2) N2　　　　　　　　　(3) N3

(4) N4　　　　　　　　　(5) N5　　　　　　　　　(6) N6

(b) N内墙

(1) M1　　　　　　　　　(2) M2　　　　　　　　　(3) M3

(4) M4　　　　　　　　　(5) M5　　　　　　　　　(6) M6

(c) M内墙

图 7-6　实际墙体图像灰度分析（续）

灰度计算取值 表 7-2

套筒编号	划线位置	灌浆区归一化灰度值	是否饱满
GSR5	上划线	1.00（右侧）	右侧不饱满
	下划线	0.60（右侧）	右侧饱满
GSR7	上划线	0.85（右侧）	右侧不饱满
	下划线	0.49	饱满
W1	上划线	0.65	饱满
	下划线	0.62	饱满
W2	上划线	0.65	饱满
	下划线	0.59	饱满
N1	上划线	0.99	不饱满
	下划线	1.00	不饱满
N2	上划线	0.90	不饱满
	下划线	0.57	饱满
N3	上划线	1.00	不饱满
	下划线	0.57	饱满
N4	上划线	0.59	饱满
	下划线	0.59	饱满
N5	上划线	0.58	饱满
	下划线	0.58	饱满
N6	上划线	0.65、0.98	左侧饱满、右侧不饱满
	下划线	0.60	饱满
M1	上划线	0.97	不饱满
	下划线	0.60	饱满
M2	上划线	0.99	不饱满
	下划线	0.60	饱满
M3	上划线	0.58	饱满
	下划线	0.53	饱满
M4	上划线	0.98	不饱满
	下划线	0.61	饱满
M5	上划线	0.48	饱满
	下划线	0.63	饱满
M6	上划线	0.99	不饱满
	下划线	0.53	饱满

由表 7-2 可知，标准试件和实际工程中预制剪力墙套筒灌浆饱满性 X 射线数字成像法实测结果表明，当灌浆区归一化灰度值为 0.48～0.65 时灌浆饱满，灌浆区归一化灰度值为 0.85～1.00 时灌浆不饱满。基于上述研究结果提出以下初步判定准则：当灌浆区归一化灰度值不超过 0.65 时判断灌浆饱满；当灌浆区归一化灰度值不低于 0.85 时判断灌浆不

饱满，即存在灌浆缺陷；当灌浆区归一化灰度值介于 0.65～0.85 之间时，应结合其他检测方法（如钻孔内窥镜法、局部破损法等）进行综合判定。另外，如前所述，如果某灌浆区存在非灌浆料元素投影的影响，则该区域灰度值无法全面反映实际灌浆饱满情况，需进行针对性分析。

为进一步校验 X 射线数字成像法的检测效果，现场选择 N1 和 M6 套筒，先在套筒出浆孔管道用手电钻配空心圆柱形钻头钻至套筒内钢筋位置，然后沿钻孔孔道底部伸入带前视镜头的 Avanline φ3.9mm 型内窥镜进行观测，观测结果如图 7-7 所示。由图 7-7 可见，N1 和 M6 套筒确实存在明显的灌浆不饱满，与 X 射线数字成像法检测结果一致。

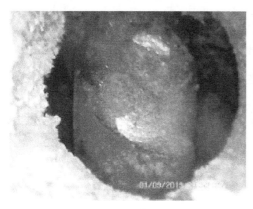 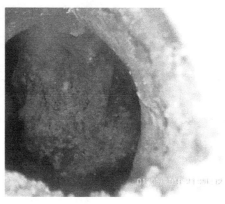

(a) N1　　　　　　　　　　　　　　(b) M6

图 7-7　内窥镜校核结果

根据灌浆缺陷识别标准确定灌浆缺陷区的范围后，可以通过 X 射线数字成像系统的配套软件测量缺陷区的尺寸。但 X 射线数字成像具有放大效应，计算灌浆缺陷区的尺寸时，必须消除放大效应的影响，需要通过与缺陷区平行的套筒某部位的已知尺寸标定放大倍数，标定可通过 X 射线数字成像系统的配套软件完成。同样，当需要了解套筒内钢筋锚固长度时，可在 X 射线数字成像法检测获得的图像上测量钢筋的插入长度，测量时也需要先通过已知尺寸标定 X 射线数字成像时的放大倍数。套筒内钢筋锚固长度满足规范要求是后续进行套筒灌浆饱满性和灌浆密实性检测的基本前提，如实测钢筋锚固长度不满足规范要求，应由设计单位会同相关方评估相关影响并出具处理方案。

7.6　本章小结

（1）X 射线数字成像法拍摄时通过应用长时积分技术，后期图像处理时通过应用量子降噪技术、散射线抑制技术和多模式灰度曲线映射技术，使成像清晰，图像质量符合定量识别要求。

（2）基于标准试件和实际工程墙体检测结果，当灌浆区归一化灰度值不超过 0.65 时，可判断灌浆饱满或密实；当灌浆区归一化灰度值不低于 0.85 时，可判断灌浆不饱满或不密实，即存在灌浆缺陷；当灌浆区归一化灰度值介于 0.65～0.85 之间时，需结合其他检测方法进行综合判定。如果某灌浆区存在非灌浆料元素投影的影响，则该区域灰度值无法全面反映实际灌浆饱满情况，需进行针对性分析。

（3）根据灌浆缺陷识别标准确定灌浆缺陷区的范围后，可以通过 X 射线数字成像系统的配套软件测量缺陷区的尺寸。同样，当需要了解套筒内钢筋锚固长度时，也可在 X 射线数字成像法检测获得的图像上测量钢筋的插入长度。以上测量均须消除 X 射线数字成像时的放大效应。

参考文献

［7-1］高润东，李向民，张富文，等．基于 X 射线工业 CT 技术的套筒灌浆密实度检测试验［J］．无损检测，2017，39（4）：6-11，37．

［7-2］张富文，李向民，高润东，等．便携式 X 射线技术检测套筒灌浆密实度的研究［J］．施工技术，2017，46（17）：6-10．

［7-3］李向民，高润东，许清风，等．基于 X 射线数字成像的预制剪力墙套筒灌浆连接质量检测技术研究［J］．建筑结构，2018，48（7）：57-61．

［7-4］中华人民共和国国家质量监督检验检疫总局，中国国家标准化管理委员会 .GB/T 35389—2017 无损检测　X 射线数字成像检测　导则［S］．北京：中国标准出版社，2018．

［7-5］中华人民共和国国家质量监督检验检疫总局，中国国家标准化管理委员会 .GB/T 35388—2017 无损检测　X 射线数字成像检测　检测方法［S］．北京：中国标准出版社，2017．

［7-6］中华人民共和国国家质量监督检验检疫总局，中国国家标准化管理委员会 .GB/T 35394—2017 无损检测　X 射线数字成像检测　系统特性［S］．北京：中国标准出版社，2018．

8

套筒灌浆缺陷对接头受力性能的影响研究

大量实际工程调研表明，套筒灌浆不饱满主要表现在以下几个方面：构件生产或安装过程套筒中落入堵塞物，导致套筒出浆孔不出浆或阻断浆体的连续性；灌浆结束前持压不充分、灌浆孔封堵不及时或者连通腔漏浆，导致套筒内浆体回流；由于构件生产或现场安装偏差导致下段钢筋无法就位，个别存在下段钢筋被割短或割断现象。以上问题导致在套筒内形成的缺陷都可归结为减少了钢筋的有效锚固长度。而锚固长度不足，钢筋套筒灌浆连接接头强度可能达不到要求，存在安全隐患。

国外对钢筋套筒灌浆连接的受力机理研究较多，Kim[8-1]通过单向拉伸试验和循环加载试验对套筒约束作用进行了研究；Ling等[8-2]通过单向拉伸试验对钢筋和灌浆料之间的粘结性能进行了研究；Henin等[8-3]通过单向拉伸试验和数值模拟对钢筋套筒灌浆连接的承载力以及灌浆料与套筒间的摩擦系数进行了研究。国内研究主要集中在连接的施工工艺、质量控制以及套筒产品连接接头的性能检验等方面。秦珩等[8-4]对影响钢筋套筒灌浆连接质量的关键因素进行了研究；吴小宝等[8-5]研究了灌浆料龄期和钢筋种类对接头受力性能的影响；王东辉等[8-6]研究了套筒和钢筋直径大小对接头受力性能的影响；郑永峰[8-7]提出了一种新型变形灌浆套筒（GDPS套筒），并对其受力性能进行了研究。

综上可见，国内外对套筒灌浆缺陷的检测技术以及缺陷对接头强度的影响等研究较少。课题组前期针对套筒灌浆质量的检测技术开展了大量研究，形成了套筒灌浆饱满性和密实性的检测方法[8-8,8-9]。在此基础上，本章针对工程上常用的不同型号套筒，研究不同位置、不同大小的灌浆缺陷对接头强度的影响程度，以便为套筒灌浆质量检测评估和后续整治提供依据。

另外，实际工程调研发现，除了存在套筒灌浆不饱满现象，还存在以下一些非正常灌浆情况：用水泥净浆代替灌浆料；现场现浇作业时混凝土净浆溅到钢筋上未处理（试验中用水泥砂浆模拟）；使用过期灌浆料；随意调高灌浆料水灰比；搅拌好的灌浆料放置时间超过规定时间后再使用。

本章通过试验研究了以上非正常灌浆情况对钢筋套筒灌浆连接接头受力性能的不利影响，同时，基于试验结果对实际工程用灌浆料及其灌浆工艺提出了具体建议，以期提高我国装配式混凝土结构的钢筋套筒灌浆连接质量。

8.1 端部灌浆缺陷的影响研究

8.1.1 单向拉伸试验

8.1.1.1 原材料

（1）钢筋

试验采用 HRB400E 抗震钢筋，包括 14mm、20mm、25mm 三种直径，实测钢筋力学性能参数如表 8-1 所示，单向拉伸破坏形态如图 8-1 所示。

钢筋力学性能参数 表 8-1

直径(mm)	屈服强度(MPa)	抗拉强度(MPa)	断后伸长率(%)	最大力下总伸长率(%)
14	421.7	597.7	32.7	18.6
20	427.5	614.4	28.6	15.6
25	425.4	615.6	31.0	19.3

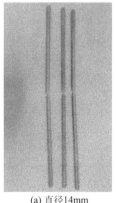 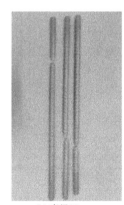 

(a) 直径14mm   (b) 直径20mm   (c) 直径25mm

图 8-1 钢筋单向拉伸破坏形态

（2）灌浆套筒

试验采用球墨铸铁全灌浆套筒，材料性能满足行业标准《钢筋连接用灌浆套筒》JG/T 398—2012[8-10] 的要求，尺寸如表 8-2 所示。本次试验套筒内上段和下段钢筋的锚固长度均严格控制为钢筋直径的 8 倍（8d）。

灌浆套筒尺寸（mm） 表 8-2

型号	适用钢筋直径	全长	下段有效长度	上段有效长度	外径	内径
GTZQ4-14	14	280	135	125	46	34
GTZQ4-20	20	370	180	170	52	40
GTZQ4-25	25	460	225	215	58	46

（3）灌浆料

试验采用与套筒相配套的灌浆料，拌合时水与灌浆料的质量比为 0.13，初始流动度为 335mm，30min 流动度为 290mm；标准养护条件下，1d 抗压强度为 38.5MPa，3d 抗压强度为 72.0MPa，28d 抗压强度为 123.8MPa，满足行业标准《钢筋连接用套筒灌浆料》JG/T 408—2013[8-11] 的要求。

8.1.1.2 灌浆缺陷设计

灌浆缺陷设计如图 8-2 所示，其中，图 8-2(a) 为无缺陷状态，图 8-2(b) 表示缺陷位于套筒内下段钢筋的底部。通过设置不同长度套在钢筋上的橡胶片可精确模拟不同大小的灌浆缺陷。橡胶片的壁厚小于钢筋和套筒内壁的间隙，当橡胶片高度超过套筒灌浆孔高度时，可以确保灌浆时浆体能够从间隙中流过。

上述灌浆缺陷模拟设计的基本考虑如下：位于套筒内下段钢筋锚固段底部的缺陷和位于套筒内上段钢筋锚固段顶部的缺陷，当缺陷长度相等时，从力学平衡的角度，二者对接头强度的影响是相同的。因此，当套筒顶部有定位横隔板，在套筒内上段钢筋锚固段顶部准确设置灌浆缺陷有困难时，可选择在套筒内下段钢筋锚固段底部设置灌浆缺陷。

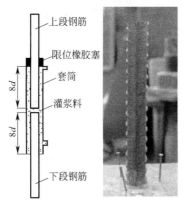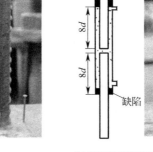

(a) 无缺陷 (b) 缺陷位于套筒内下段钢筋锚固段底部

图 8-2 灌浆缺陷设计

端部灌浆缺陷设置参数见表 8-3。

灌浆缺陷参数 表 8-3

编号		A1	A2	A3	A4	A5	A6	A7
缺陷占套筒内下段钢筋锚固长度($8d$)的比例		0	5%	10%	15%	20%	30%	40%
GTZQ4-14	缺陷长度(mm)	0	5.6	11.2	16.8	22.4	33.6	44.8
	缺陷长度与钢筋直径之比	0	0.4	0.8	1.2	1.6	2.4	3.2
	缺陷占套筒有效长度的比例	0	2.2%	4.3%	6.5%	8.6%	12.9%	17.2%
GTZQ4-20	缺陷长度(mm)	0	8	16	24	32	48	64
	缺陷长度与钢筋直径之比	0	0.4	0.8	1.2	1.6	2.4	3.2
	缺陷占套筒有效长度的比例	0	2.3%	4.6%	6.9%	9.1%	13.7%	18.3%
GTZQ4-25	缺陷长度(mm)	0	10	20	30	40	60	80
	缺陷长度与钢筋直径之比	0	0.4	0.8	1.2	1.6	2.4	3.2
	缺陷占套筒有效长度的比例	0	2.3%	4.6%	6.8%	9.1%	13.6%	18.2%

注：缺陷占套筒内下段钢筋锚固长度（$8d$）的比例对于三种套筒是一致的；套筒有效长度是指表 8-2 中下段有效长度与上段有效长度之和，即灌浆饱满密实时灌浆体的实际长度。

8.1.1.3 试件成型

试件成型步骤如下：①固定下段钢筋并设置位于下段钢筋锚固底部的灌浆缺陷；②安装套筒并固定上段钢筋，在套筒出浆孔插入透明塑料管，塑料管端头高度高于套筒顶端，以确保出浆孔灌浆饱满密实；③进行灌浆操作，一人持灌浆机灌浆管灌浆，另一人负责用橡胶塞封堵灌浆孔，要求在拔出灌浆管的同时封堵灌浆孔；④灌浆 3d 后拆除固定支架，然后自然养护到 28d 进行试验。具体接头试件的成型过程如图 8-3 所示。

(a) 缺陷设置   (b) 套筒安装   (c) 灌浆

图 8-3 端部缺陷接头试件成型过程

8.1.1.4 试验方法

按照行业标准《钢筋套筒灌浆连接应用技术规程》JGJ 355—2015[8-12] 进行接头试件的单向拉伸试验。测试内容包括屈服强度、抗拉强度以及破坏形态。

8.1.1.5 试验结果分析

端部灌浆缺陷接头试件的单向拉伸试验结果见表 8-4。

端部灌浆缺陷接头试件单向拉伸试验结果   表 8-4

编号	GTZQ4-14			GTZQ4-20			GTZQ4-25		
	屈服强度（MPa）	抗拉强度（MPa）	接头破坏形态	屈服强度（MPa）	抗拉强度（MPa）	接头破坏形态	屈服强度（MPa）	抗拉强度（MPa）	接头破坏形态
A1 (0)	429.0	602.9	断上钢筋	403.3	592.1	断上钢筋	429.0	618.7	断上钢筋
	424.0	594.9	断上钢筋	400.9	588.7	断上钢筋	426.2	615.7	断下钢筋
	423.9	596.1	断下钢筋	405.7	592.6	断上钢筋	428.2	619.7	断下钢筋
A2 (5%)	432.2	601.7	断下钢筋	407.1	592.1	断上钢筋	437.5	625.9	断上钢筋
	426.4	604.3	断上钢筋	404.9	589.6	断下钢筋	426.7	616.0	断下钢筋
	423.2	602.5	断下钢筋	413.2	593.6	断上钢筋	427.5	618.1	断下钢筋
A3 (10%)	420.6	596.5	断上钢筋	406.6	592.2	断上钢筋	423.0	620.3	断上钢筋
	422.6	595.4	断上钢筋	404.9	588.4	断下钢筋	428.9	617.3	断下钢筋
	426.7	598.5	断下钢筋	402.2	588.5	断下钢筋	428.9	616.7	断下钢筋
A4 (15%)	429.5	602.2	断下钢筋	400.0	588.6	断上钢筋	430.2	615.7	断下钢筋
	425.8	597.3	断上钢筋	408.7	593.2	断下钢筋	428.0	615.5	断下钢筋
	431.4	596.7	断下钢筋	401.8	587.7	断上钢筋	426.4	614.8	断下钢筋

续表

编号	GTZQ4-14			GTZQ4-20			GTZQ4-25		
	屈服强度（MPa）	抗拉强度（MPa）	接头破坏形态	屈服强度（MPa）	抗拉强度（MPa）	接头破坏形态	屈服强度（MPa）	抗拉强度（MPa）	接头破坏形态
A5（20%）	422.0	593.6	断下钢筋	405.6	589.2	断下钢筋	431.1	619.6	断上钢筋
	424.0	595.8	断下钢筋	400.9	588.3	断下钢筋	428.1	615.6	断下钢筋
	424.0	598.3	断下钢筋	412.8	592.8	断下钢筋	432.4	617.7	断下钢筋
A6（30%）	430.4	600.0	断下钢筋	404.8	592.2	断下钢筋	425.7	616.8	断上钢筋
	429.8	600.1	断下钢筋	403.3	590.7	断下钢筋	422.6	613.0	断下钢筋
	424.4	595.0	断上钢筋	402.1	588.2	断下钢筋	428.0	616.6	断上钢筋
A7（40%）	426.7	598.3	断下钢筋	405.1	590.4	断上钢筋	427.9	607.3	钢筋未断
	422.4	595.1	断下钢筋	402.9	587.9	断上钢筋	438.0	605.1	钢筋未断
	429.3	601.1	断下钢筋	408.2	588.8	钢筋未断	428.1	612.1	钢筋未断

注：编号一列中括号内数据表示缺陷占套筒内下段钢筋锚固长度（$8d$）的比例；"断上钢筋"表示断于接头外上段钢筋，"断下钢筋"表示断于接头外下段钢筋；"钢筋未断"表示接头外上段钢筋和下段钢筋均未断。下同。

根据行业标准《钢筋套筒灌浆连接应用技术规程》JGJ 355—2015[8-12]对钢筋套筒灌浆连接接头性能的基本规定，对表 8-4 中在套筒内下段钢筋锚固段底部设置缺陷的各组接头试件的试验结果分析如下：

对于 GTZQ4-14 接头，当缺陷长度占钢筋锚固长度（$8d$）的 40% 时（缺陷长度为 44.8mm，钢筋实际锚固长度仅为 $4.8d$，缺陷长度占套筒有效长度的 17.2%），接头的屈服强度和抗拉强度仍满足标准要求。对于 GTZQ4-20 接头，当缺陷长度占钢筋锚固长度（$8d$）的 30% 时（缺陷长度为 48mm，钢筋实际锚固长度仅为 $5.6d$，缺陷长度占套筒有效长度的 13.7%），接头的屈服强度和抗拉强度仍满足标准要求；当缺陷长度占钢筋锚固长度（$8d$）的 40% 时，3 个接头中有一个接头外钢筋未断，此时接头屈服强度满足要求，但抗拉强度为 588.8MPa，小于 621MPa（连接钢筋抗拉强度标准值的 1.15 倍），因此，判定该组接头抗拉强度不合格。对于 GTZQ4-25 接头，当缺陷长度占钢筋锚固长度（$8d$）的 30% 时（缺陷长度为 60mm，钢筋实际锚固长度仅为 $5.6d$，缺陷长度占套筒有效长度的 13.6%），接头的屈服强度和抗拉强度仍满足标准要求；当缺陷长度占钢筋锚固长度（$8d$）的 40% 时，3 个接头外钢筋均未断，此时，接头屈服强度均满足要求，但抗拉强度均小于 621MPa（连接钢筋抗拉强度标准值的 1.15 倍），因此，判定该组接头抗拉强度不合格。

另外，需要特别说明的是，由表 8-4 可见，GTZQ4-20 接头钢筋的屈服强度和抗拉强度均满足国家标准《钢筋混凝土用钢 第 2 部分：热轧带肋钢筋》GB 1499.2—2007[8-13]的要求，但低于表 8-4 中另外两种钢筋的强度指标和表 8-1 中相应母材的强度指标，而 GTZQ4-20 接头钢筋的实测内径公称尺寸偏差均符合国家标准《钢筋混凝土用钢 第 2 部分：热轧带肋钢筋》GB 1499.2—2007[8-13] 的规定，这就说明这批钢筋在材性上存在差异，导致钢筋的超强系数不稳定，材性的差异往往与化学组成、热处理工艺等因素有关，这些因素对钢筋表面的锚固性能也会产生影响，从而影响钢筋套筒灌浆连接的破坏模式。各组试件破坏形态如图 8-4 所示。

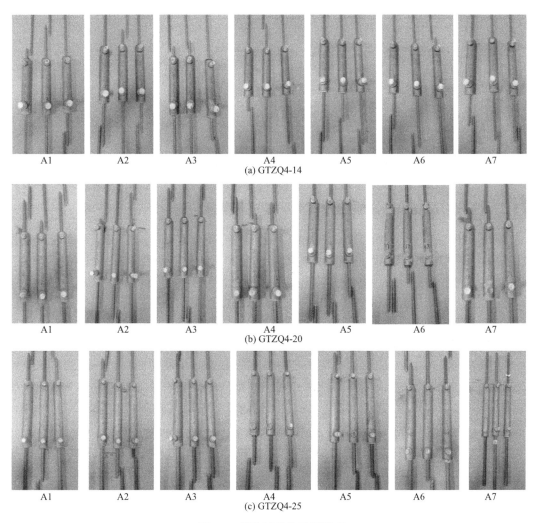

图 8-4　接头试件的破坏形态

当缺陷位于套筒内下段钢筋锚固段底部时，所有接头外钢筋未断接头的抗拉强度均超过抗拉强度标准值 540MPa，但均未超过抗拉强度标准值的 1.15 倍 621MPa。其中，GTZQ4-20 第 A7 组第 3 个接头，以及 GTZQ4-25 第 A7 组第 1 个和第 3 个接头，在破坏时由于钢筋与灌浆料之间瞬间剥离也发出如同钢筋拉断的巨大声响，但其钢筋滑移并不明显。选择 GTZQ4-20 第 A7 组第 3 个接头和 GTZQ4-25 第 A7 组第 1 个接头进行破型，发现套筒内部上下段钢筋均未断，如图 8-5 所示。但 GTZQ4-25 第 A7 组第 2 个接头在破坏时并无巨大声响，而是下段钢筋发生了刮犁式拔出，如图 8-6 所示。

(a) GTZQ4-20
(第A7组第3个接头)

(b) GTZQ4-25
(第A7组第1个接头)

图 8-5　接头试件破型

图 8-6　钢筋发生刮犁式拔出

8.1.2　高应力反复拉压试验和大变形反复拉压试验

单向拉伸试验后，选择 GTZQ4-20 接头补充进行高应力反复拉压试验和大变形反复拉压试验，端部灌浆缺陷参照表 8-3 中的规则设置 20％和 30％两种。试验结果如表 8-5 所列，破坏模式如图 8-7 所示。由表 8-5 和图 8-7 可见，对于 GTZQ4-20 接头，当端部灌浆缺陷长度为套筒内下段钢筋锚固长度（8d）的 20％时，接头高应力反复拉压和大变形反复拉压试验结果满足行业标准《钢筋套筒灌浆连接应用技术规程》JGJ 355—2015 的要求；当端部灌浆缺陷长度为套筒内下段钢筋锚固长度（8d）的 30％时，接头大变形反复拉压试验结果满足标准要求，但高应力反复拉压试验存在钢筋拉脱现象，不满足标准要求。结合前面单向拉伸试验结果可综合判断：当端部灌浆缺陷长度不超过钢筋锚固长度（8d）的 20％时，灌浆缺陷对套筒接头的受力性能没有影响。

高应力反复拉压和大变形反复拉压试验结果　　　　　表 8-5

缺陷设置比例	高应力反复拉压试验			大变形反复拉压试验			
	抗拉强度（MPa）	残余变形（mm）	破坏形态	抗拉强度（MPa）	残余变形（mm）		破坏形态
	≥540MPa	u_{20}≤0.3mm		≥540MPa	u_4≤0.3mm	u_8≤0.6mm	
20％	615.0	0.117	断下钢筋	621.0	0.008	0.053	未破坏停止
	618.0	0.009	断下钢筋	622.0	0.034	0.086	未破坏停止
	616.0	0.075	断下钢筋	617.0	0.002	0.034	断下钢筋
30％	620.0	0.073	钢筋拉脱	622.0	0.034	0.095	未破坏停止
	615.0	0.232	钢筋拉脱	622.0	0.032	0.102	未破坏停止
	621.0	0.120	未破坏停止	621.0	0.012	0.068	未破坏停止

注："钢筋拉脱"指钢筋未断但发生滑移；"未破坏停止"指钢筋已达到抗拉强度标准值 540MPa 的 1.15 倍（621MPa），接头未发生破坏，应判为抗拉强度合格，可停止试验[8-12]。下同。

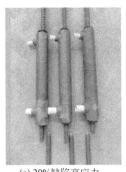

(a) 20%缺陷高应力
反复拉压

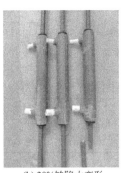
(b) 20%缺陷大变形
反复拉压

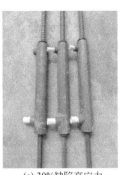
(c) 30%缺陷高应力
反复拉压

(d) 30%缺陷大变形
反复拉压

图 8-7　高应力反复拉压和大变形反复拉压试验接头破坏形态

8.2 中部灌浆缺陷的影响研究

8.2.1 单向拉伸试验

8.2.1.1 原材料

本部分试验所用原材料及其基本性能与 8.1.1.1 节相同。

8.2.1.2 灌浆缺陷设计

本次试验套筒内上段和下段钢筋的锚固长度均为钢筋直径的 8 倍（8d）。灌浆缺陷设计见图 8-8，其中图 8-8(a) 表示没有缺陷，图 8-8(b) 表示有缺陷且缺陷设置在套筒内下段钢筋锚固段中部。用套在套筒内下段钢筋锚固段中部的橡胶片模拟缺陷，该方法可对缺陷长度进行准确控制，橡胶片的壁厚约为 2.5mm，小于钢筋和套筒内壁的间隙（考虑内部凸肋的影响后，GTZQ4-14、GTZQ4-20、GTZQ4-25 三种套筒内壁与钢筋之间的最小间隙分别是 9mm、9mm、7mm），由于灌浆料的流动性很强，灌浆时浆体能够从橡胶片和套筒壁之间的间隙中顺利流过。

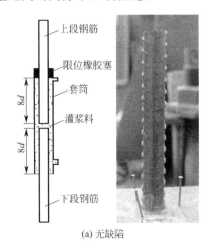
(a) 无缺陷

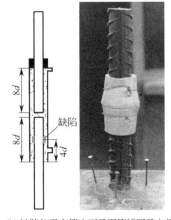
(b) 缺陷位于套筒内下段钢筋锚固段中部

图 8-8　灌浆缺陷设计

上述灌浆缺陷模拟设计的基本考虑如下：在套筒内钢筋锚固段中部设置缺陷时，主要用来考虑钢筋锚固长度被分成两段时对接头强度的影响；位于套筒内下段钢筋锚固段中部的缺陷和位于套筒内上段钢筋锚固段中部的缺陷，当缺陷长度相等时，二者对接头强度的影响是相同的，因此，当套筒顶部有定位横隔板，在套筒内上段钢筋锚固段中部准确设置缺陷比较困难时，选择在套筒内下段钢筋锚固段中部设置缺陷。

中部灌浆缺陷设置参数见表 8-6。

中部灌浆缺陷的基本参数 表 8-6

编号		A1	B2	B3	B4	B5	B6	B7
缺陷占套筒内下段钢筋锚固长度(8d)的比例		0	5%	10%	15%	20%	30%	40%
GTZQ4-14	缺陷长度(mm)	0	5.6	11.2	16.8	22.4	33.6	44.8
	缺陷长度与钢筋直径之比	0	0.4	0.8	1.2	1.6	2.4	3.2
GTZQ4-20	缺陷长度(mm)	0	8.0	16.0	24.0	32.0	48.0	64.0
	缺陷长度与钢筋直径之比	0	0.4	0.8	1.2	1.6	2.4	3.2
GTZQ4-25	缺陷长度(mm)	0	10.0	20.0	30.0	40.0	60.0	80.0
	缺陷长度与钢筋直径之比	0	0.4	0.8	1.2	1.6	2.4	3.2

注：缺陷占套筒内下段钢筋锚固长度（8d）的比例对于三种套筒是一致的。

8.2.1.3 试件成型

试件成型过程见图 8-9。

(a) 缺陷设置   (b) 套筒安装   (c) 灌浆

图 8-9 中部缺陷接头试件成型

试件成型步骤如下：①将下段钢筋穿过打好孔的底模板并进行固定，然后在钢筋的中部设置缺陷；②将套筒套入下段钢筋，然后在套筒内插入上段钢筋并通过顶模板进行固定；③将透明塑料管插入套筒出浆孔，透明塑料管保持向上倾斜状态，其最高端头略高于套筒最上端，确保插入套筒内的上段钢筋完全被灌浆料浆体包围；④依次对每个套筒实施灌浆，当塑料管最高端头冒浆时用橡胶塞封堵套筒灌浆孔，应做到在拔出灌浆管的同时封堵套筒灌浆孔；⑤灌浆完成以后，在自然状态下养护 28d 后进行试验。

8.2.1.4 试验方法

本部分试验方法与第 8.1.1.4 节相同。

8.2.1.5 试验结果分析

中部灌浆缺陷接头试件的单向拉伸试验结果见表 8-7。

中部灌浆缺陷接头试件单向拉伸试验结果 表 8-7

编号	GTZQ4-14			GTZQ4-20			GTZQ4-25		
	屈服强度 (MPa)	抗拉强度 (MPa)	接头破坏形态	屈服强度 (MPa)	抗拉强度 (MPa)	接头破坏形态	屈服强度 (MPa)	抗拉强度 (MPa)	接头破坏形态
A1 (0)	429.0	602.9	断上钢筋	403.3	592.1	断上钢筋	429.0	618.7	断上钢筋
	424.0	594.9	断上钢筋	400.9	588.7	断上钢筋	426.2	615.7	断下钢筋
	423.9	596.1	断下钢筋	405.7	592.6	断上钢筋	428.2	619.7	断上钢筋
B2 (5%)	431.0	602.1	断下钢筋	402.8	590.2	断上钢筋	427.9	618.9	断上钢筋
	430.5	600.4	断上钢筋	409.9	587.7	断上钢筋	430.0	618.7	断上钢筋
	422.9	597.1	断上钢筋	402.8	587.0	断上钢筋	429.1	618.2	断下钢筋
B3 (10%)	430.4	601.1	断下钢筋	406.1	591.8	断下钢筋	432.0	615.9	断下钢筋
	431.8	601.6	断上钢筋	404.6	596.8	断下钢筋	432.2	618.9	断下钢筋
	422.6	595.9	断下钢筋	406.8	591.6	断上钢筋	436.4	624.4	断上钢筋
B4 (15%)	423.9	597.5	断上钢筋	400.3	588.2	断下钢筋	426.9	616.2	断上钢筋
	423.4	598.0	断下钢筋	403.6	591.8	断上钢筋	426.1	616.5	断上钢筋
	426.7	598.6	断上钢筋	405.8	589.1	断上钢筋	429.8	613.7	断上钢筋
B5 (20%)	428.2	597.7	断下钢筋	405.7	591.5	断下钢筋	427.0	602.8	钢筋未断
	425.8	601.4	断上钢筋	405.4	590.3	断上钢筋	424.1	605.0	钢筋未断
	425.7	598.2	断下钢筋	405.3	587.2	断上钢筋	428.5	605.1	钢筋未断
B6 (30%)	424.7	591.9	钢筋未断	405.5	585.5	钢筋未断	427.3	603.1	钢筋未断
	423.6	589.0	钢筋未断	400.4	585.3	钢筋未断	427.0	615.7	钢筋未断
	426.2	590.5	钢筋未断	402.5	584.9	钢筋未断	428.7	615.8	钢筋未断
B7 (40%)	427.2	592.3	钢筋未断	405.1	582.9	钢筋未断	423.5	607.2	钢筋未断
	398.6	465.6	钢筋未断	404.4	559.2	钢筋未断	392.6	455.8	钢筋未断
	290.1	347.2	钢筋未断	405.9	590.5	钢筋未断	437.7	518.4	钢筋未断

根据行业标准《钢筋套筒灌浆连接应用技术规程》JGJ 355—2015[8-12] 对钢筋套筒灌浆连接接头性能的基本规定，对表 8-7 中在套筒内下段钢筋锚固段中部设置缺陷的各组接头试件的试验结果分析如下：

对于 GTZQ4-14 接头，当所设置的缺陷长度不超过 20% 套筒内下段钢筋锚固长度时，各组接头均发生接头外钢筋拉断破坏，且各组接头的屈服强度均大于 400MPa、抗拉强度均大于 540MPa，屈服强度和抗拉强度均符合标准要求。当所设置的中部灌浆缺陷长度占 30% 套筒内下段钢筋锚固长度时，3 个接头外的上段和下段钢筋均未断，3 个接头屈服强度均大于 400MPa，满足标准要求，但 3 个接头抗拉强度在接头外钢筋未断的情况下，均小于连接钢筋抗拉强度标准值（540MPa）的 1.15 倍（621MPa），因此该组接头抗拉强度不符合标准要求。当所设置的缺陷长度占 40% 套筒内下段钢筋锚固长度时，3 个接头外的上段和下段钢筋均未断，其中第 1 个接头的屈服强度大于 400MPa，但该接头抗拉强度小于连接钢筋抗拉强度标准值（540MPa）的 1.15 倍（621MPa），另外两个接头的屈服强度均小于 400MPa、抗拉强度均小于 540MPa，因此该组接头不合格。

对于 GTZQ4-20 接头，当所设置的缺陷长度不超过 20％套筒内下段钢筋锚固长度时，各组接头均发生接头外钢筋拉断破坏，且各组接头的屈服强度均大于 400MPa、抗拉强度均大于 540MPa，屈服强度和抗拉强度均符合标准要求。当所设置的缺陷长度占 30％套筒内下段钢筋锚固长度时，3 个接头外上段和下段钢筋都没有被拉断，3 个接头屈服强度均大于 400MPa，满足标准要求；但 3 个接头抗拉强度在接头外钢筋未断的情况下，均小于连接钢筋抗拉强度标准值（540MPa）的 1.15 倍（621MPa），因此该组接头抗拉强度不符合标准要求。当所设置的缺陷长度占 40％套筒内下段钢筋锚固长度时，3 个接头外上段和下段钢筋都没有被拉断，3 个接头屈服强度均大于 400MPa，满足标准要求；但 3 个接头抗拉强度在接头外钢筋未断的情况下，均小于连接钢筋抗拉强度标准值（540MPa）的 1.15 倍（621MPa），因此该组接头抗拉强度不符合标准要求。

对于 GTZQ4-25 接头，当所设置的缺陷长度不超过 15％套筒内下段钢筋锚固长度时，各组接头均发生接头外钢筋拉断破坏，且各组接头的屈服强度均大于 400MPa、抗拉强度均大于 540MPa，屈服强度和抗拉强度均符合标准要求。当所设置的缺陷长度占 20％套筒内下段钢筋锚固长度时，3 个接头外上段和下段钢筋都没有被拉断，3 个接头屈服强度均大于 400MPa，满足标准要求；但 3 个接头抗拉强度在接头外钢筋未断的情况下，均小于连接钢筋抗拉强度标准值（540MPa）的 1.15 倍（621MPa），因此该组接头抗拉强度不符合标准要求。当所设置的缺陷长度占 30％套筒内下段钢筋锚固长度时，3 个接头外上段和下段钢筋都没有被拉断，3 个接头屈服强度均大于 400MPa，满足标准要求；但 3 个接头抗拉强度在接头外钢筋未断的情况下，均小于连接钢筋抗拉强度标准值（540MPa）的 1.15 倍（621MPa），因此该组接头抗拉强度不符合标准要求。当所设置的缺陷长度占 40％套筒内下段钢筋锚固长度时，3 个接头外上段和下段钢筋都没有被拉断，其中第 1 个接头的屈服强度大于 400MPa，但该接头抗拉强度小于连接钢筋抗拉强度标准值（540MPa）的 1.15 倍（621MPa），第 2 个接头的屈服强度和抗拉强度均不满足要求，第 3 个接头的屈服强度满足要求，但抗拉强度不满足要求，因此该组接头不合格。

根据上述对试验结果的分析，对于 GTZQ4-14、GTZQ4-20 和 GTZQ4-25 接头，当中间灌浆缺陷长度分别不超过套筒内下段钢筋锚固长度（8d）的 20％、20％和 15％时，接头单向拉伸强度仍满足要求。

各组接头试件的破坏形态见图 8-10，部分接头试件的破型见图 8-11。

综上所述，接头存在三种极限状态：

（1）当无缺陷或中部灌浆缺陷较小时，发生接头外钢筋拉断破坏。

（2）随着中部灌浆缺陷的增大，接头破坏时发出如同钢筋拉断的巨大声响，但此时接头外钢筋并未断裂；经过对接头试件进行破型［见图 8-11(a)、(c)、(d)、(e)］发现接头内钢筋也未拉断，可以判断巨大声响是由钢筋和灌浆料之间的瞬间剥离造成的。

（3）随着中部灌浆缺陷的增大，接头破坏时钢筋发生刮犁式拔出，钢筋滑移较明显，破型后发现钢筋周围的灌浆料已剪碎［见图 8-11(b)、(f)］，钢筋和灌浆料之间基本上脱粘。

8.2.1.6　灌浆缺陷位置影响分析

根据试验研究结果，并与文献［8-14］和［8-15］进行对比分析，可获得灌浆缺陷位置对套筒灌浆连接接头单向拉伸强度的影响规律，具体见表 8-8。

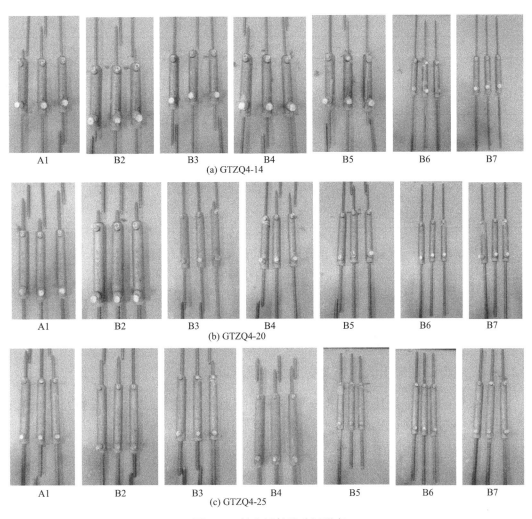

图 8-10 接头试件的破坏形态

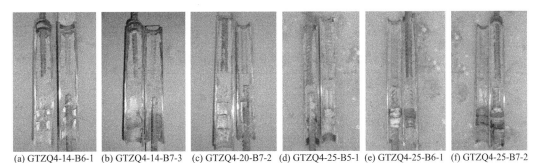

(a) GTZQ4-14-B6-1 (b) GTZQ4-14-B7-3 (c) GTZQ4-20-B7-2 (d) GTZQ4-25-B5-1 (e) GTZQ4-25-B6-1 (f) GTZQ4-25-B7-2

图 8-11 部分接头试件的破型

由表 8-8 可见,无论是全灌浆套筒还是半灌浆套筒,对于保证接头外钢筋拉断破坏的近似最大缺陷长度,中部灌浆缺陷和端部灌浆缺陷是明显不同的。根据试验结果,保证接头外钢筋拉断破坏的中部灌浆缺陷最大长度为端部灌浆缺陷最大长度的 $50\%\sim66.7\%$,换言之,中部灌浆缺陷对接头性能的不利影响更大。

保证接头外钢筋拉断破坏的近似最大缺陷长度　　　表 8-8

套筒类型	缺陷位置	适用 14mm 钢筋的套筒	适用 20mm 钢筋的套筒	适用 25mm 钢筋的套筒
全灌浆套筒	端部	$3.2d$	$2.4d$	$2.4d$
	中部	$1.6d$	$1.6d$	$1.2d$
	中部与端部缺陷长度的比值	50%	66.7%	50%
半灌浆套筒	端部	—	$2.5d$	—
	中部	—	$1.5d$	—
	中部与端部缺陷长度的比值	—	60.0%	—

当灌浆缺陷位于端部时，钢筋和灌浆料之间的粘结应力是连续的，灌浆料作为整体对钢筋产生锚固作用。当灌浆缺陷位于中部时，钢筋和灌浆料之间的粘结应力在中间断开，由两段灌浆料分别与钢筋进行粘结应力传递；由于端部效应影响和两段灌浆料难以同时达到粘结应力峰值，使中部灌浆缺陷较端部灌浆缺陷更为不利。对于中部灌浆缺陷下钢筋与灌浆料之间的粘结应力传递机理，尚有待深入研究。

8.2.2　高应力反复拉压试验和大变形反复拉压试验

单向拉伸试验后，选择 GTZQ4-20 接头补充进行高应力反复拉压试验和大变形反复拉压试验，中部灌浆缺陷根据表 8-6 中的规则设置 10% 和 15% 两种。试验结果如表 8-9 所列，破坏模式如图 8-12 所示。由表 8-9 和图 8-12 可见，对于 GTZQ4-20 接头，当中部灌浆缺陷长度为套筒内下段钢筋锚固长度（$8d$）的 10% 和 15% 时，接头大变形反复拉压试验结果均满足标准要求，但接头高应力反复拉压试验结果均不满足标准要求。结合前面单向拉伸试验结果可综合判断：当中部灌浆缺陷长度超过钢筋锚固长度（$8d$）的 10% 时，灌浆缺陷会对套筒接头的受力性能产生不利影响，低于 10% 的情况尚需通过试验进一步验证。中部灌浆缺陷的不利影响明显大于端部灌浆缺陷，而且处理难度也比较大，因此，实际工程中应尽量避免出现中部灌浆缺陷。

高应力反复拉压和大变形反复拉压试验结果　　　表 8-9

缺陷设置比例	高应力反复拉压试验			大变形反复拉压试验			
	抗拉强度（MPa）	残余变形（mm）	破坏形态	抗拉强度（MPa）	残余变形（mm）		破坏形态
	$\geqslant 540MPa$	$u_{20} \leqslant 0.3mm$		$\geqslant 540MPa$	$u_4 \leqslant 0.3mm$	$u_8 \leqslant 0.6mm$	
10%	614.0	0.089	钢筋拉脱	624.0	0.099	0.058	未破坏停止
	613.0	0.053	钢筋拉脱	627.0	0.006	0.032	未破坏停止
	613.0	0.040	钢筋拉脱	622.0	0.003	0.056	未破坏停止
15%	615.0	0.064	钢筋拉脱	621.0	0.006	0.048	未破坏停止
	619.0	0.097	断上钢筋	625.0	0.008	0.064	未破坏停止
	623.0	0.391	未破坏停止	628.0	0.007	0.041	未破坏停止

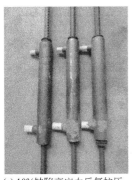 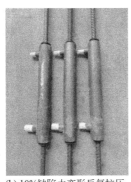  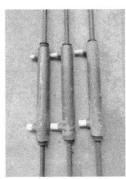

(a) 10%缺陷高应力反复拉压　(b) 10%缺陷大变形反复拉压　(c) 15%缺陷高应力反复拉压　(d) 15%缺陷大变形反复拉压

图 8-12　高应力反复拉压和大变形反复拉压试验接头破坏形态

8.3　非正常灌浆的影响研究

8.3.1　试验设计

8.3.1.1　原材料

钢筋强度等级为 HRB400，直径为 20mm，屈服强度为 420.5MPa，抗拉强度为 615.2MPa，断后伸长率为 28.7%。套筒为 GTZQ4-20 型全灌浆套筒，基本性能满足行业标准《钢筋连接用灌浆套筒》JG/T 398—2012[8-10] 的要求。灌浆料与套筒配套，包括正常灌浆料（在保质期 3 个月以内，基本性能满足行业标准《钢筋连接用套筒灌浆料》JG/T 408—2013[8-11] 的要求）、超过保质期 6 个月、超过保质期 12 个月三种。水泥为 P.O 42.5 号和 P.O 52.5 号两种型号。砂为中砂。拌合用水为自来水。

8.3.1.2　试验工况

试验设计工况如表 8-10 所列[8-16]。各种工况下，钢筋在套筒内的锚固长度均为 8d（d 为钢筋公称直径）。各工况采用的配合比及伴随试块在标准养护条件下 28d 抗压强度均列入表 8-10。

试验工况　　　　　　　　　　　　　　　　　　　　　　　表 8-10

工况	接头试件编号	接头试件类别	伴随试块在标准养护条件下 28d 抗压强度（MPa）	备注
正常灌浆	1~3	对比试件	125.9	采用正常灌浆料，水灰比为 0.14
水泥净浆替代灌浆料	7~9	采用 P.O 42.5 号水泥	75.2	水泥浆体的水灰比为 0.4
	10~12	采用 P.O 52.5 号水泥	87.2	
水泥砂浆包裹钢筋	13~15	实测包裹厚度为 2mm	115.7	套筒内下段钢筋锚固长度范围内被水泥砂浆包裹，水泥砂浆的配合比为：水泥/砂/水=1.8/4.3/1（其中，水泥选用 P.O 42.5 号，标准养护条件下 28d 抗压强度为 43.9MPa）
	16~18	实测包裹厚度为 4mm	111.9	
	19~21	实测包裹厚度为 6mm	115.3	采用正常灌浆料，水灰比为 0.14

续表

工况	接头试件编号	接头试件类别	伴随试块在标准养护条件下28d抗压强度（MPa）	备注
使用过期灌浆料	22～24	超过保质期6个月	113.6	采用过期灌浆料，水灰比均为0.14
	25～27	超过保质期12个月	123.3	
使用高水灰比灌浆料	28～30	正常水灰比的1.5倍	87.4	采用正常灌浆料，正常水灰比为0.14
	31～33	正常水灰比的1.1倍	116.6	
	34～36	正常水灰比的1.2倍	113.6	
	37～39	正常水灰比的1.35倍	92.9	
灌浆时间滞后	40～42	灌浆料搅拌后30min	102.3	采用正常灌浆料，水灰比均为0.14
	43～45	灌浆料搅拌后60min	95.1	

8.3.1.3 单向拉伸试验及测试内容

根据行业标准《钢筋套筒灌浆连接应用技术规程》JGJ 355—2015[8-12]，对各工况下的接头试件实施单向拉伸试验，测试屈服强度、抗拉强度、残余变形、最大力下总伸长率和破坏模式。另外，下段钢筋在套筒内锚固中部处和套筒外50mm处，各布置1个应变片，测试接头单向拉伸过程中钢筋的应变变化情况。

8.3.2 试验结果分析

各工况下接头试件的单向拉伸试验结果见表8-11所示，破坏模式如图8-13所示。

各工况下接头试件的单向拉伸试验结果 表8-11

编号	屈服强度(MPa)	抗拉强度(MPa)	残余变形(mm) 实测值	残余变形(mm) 平均值	最大力下总伸长率(%) 实测值	最大力下总伸长率(%) 平均值	破坏模式	编号	屈服强度(MPa)	抗拉强度(MPa)	残余变形(mm) 实测值	残余变形(mm) 平均值	最大力下总伸长率(%) 实测值	最大力下总伸长率(%) 平均值	破坏模式
1	405.0	582.9	0.07		11.3		断上	25	408.1	583.1	0.04		16.3		断下
2	412.2	583.0	0.04	0.05	15.3	13.0	断下	26	411.9	585.9	0.05	0.03	10.3	13.0	断上
3	404.2	581.3	0.04		12.3		断下	27	414.2	585.8	0.01		12.3		断上
7	411.5	548.8	0.10		5.3		未断	28	397.1	580.2	0.05		10.3		断下
8	405.3	530.1	0.10	0.10	8.3	6.6	未断	29	405.5	582.0	0.04	0.06	15.3	12.0	断下
9	408.7	550.7	0.09		6.3		未断	30	404.7	579.2	0.09		10.3		未断
10	406.3	543.7	0.09		8.3		未断	31	409.9	583.6	0.08		14.3		断上
11	407.4	549.3	0.06	0.07	9.3	7.9	未断	32	410.3	586.3	0.06	0.08	14.3	14.6	断下
12	409.4	529.7	0.07		6.3		未断	33	411.1	584.7	0.10		15.3		断下
13	402.9	598.0	0.11		14.3		断下	34	409.0	583.8	0.05		10.3		断上
14	403.1	588.8	0.06	0.08	11.3	12.0	断上	35	408.4	581.7	0.09	0.07	18.3	14.6	断下
15	403.5	584.2	0.07		10.3		断上	36	403.6	579.4	0.06		15.3		断下

续表

编号	屈服强度(MPa)	抗拉强度(MPa)	残余变形(mm) 实测值	平均值	最大力下总伸长率(%) 实测值	平均值	破坏模式	编号	屈服强度(MPa)	抗拉强度(MPa)	残余变形(mm) 实测值	平均值	最大力下总伸长率(%) 实测值	平均值	破坏模式
16	5.2	421.9	0.11		0.2		未断	37	412.1	586.0	0.11		10.3		断上
17	30.5	467.1	0.04	0.07	3.2	2.9	未断	38	371.1	584.4	0.03	0.06	11.3	10.6	断上
18	30.6	465.7	0.06		5.2		未断	39	396.7	584.1	0.04		10.3		断上
19	438.4	509.5	0.07		5.3		未断	40	420.0	596.4	0.02		14.3		断下
20	444.4	509.5	0.04	0.05	6.3	5.6	未断	41	439.5	599.6	0.03	0.02	15.3	14.3	断上
21	412.5	491.3			5.2		未断	42	411.1	583.1	0.02		13.3		断下
22	404.9	579.9	0.09		10.3		断上	43	404.5	581.2	0.04		14.3		断上
23	406.8	582.7	0.05	0.06	15.3	13.0	断上	44	404.5	581.6	0.05	0.04	18.3	17.3	断下
24	434.5	599.7	0.04		13.3		断上	45	404.5	581.7	0.04		19.3		断上

注："断上"表示断于接头外上段钢筋，"断下"表示断于接头外下段钢筋，"未断"表示接头外上段钢筋和下段钢筋均未断。

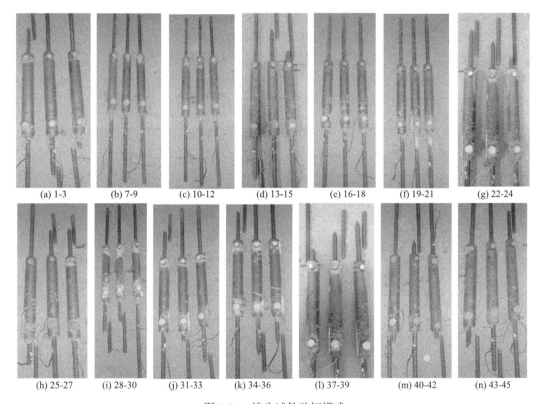

(a) 1-3　(b) 7-9　(c) 10-12　(d) 13-15　(e) 16-18　(f) 19-21　(g) 22-24

(h) 25-27　(i) 28-30　(j) 31-33　(k) 34-36　(l) 37-39　(m) 40-42　(n) 43-45

图 8-13　接头试件破坏模式

根据行业标准《钢筋套筒灌浆连接应用技术规程》JGJ 355—2015[8-12]对钢筋套筒灌浆连接接头性能的基本规定，由表 8-11 和图 8-13 可见：

（1）正常灌浆对比工况下，接头试件单向拉伸性能满足标准要求。

（2）水泥净浆替代灌浆料工况。当采用 P.O 42.5 号水泥时，伴随试块在标准养护条件下 28d 抗压强度为 75.2MPa，8 号接头试件的实测抗拉强度小于 540MPa，且 7 号、8 号、9 号接头试件接头外钢筋均未断，因此，用 P.O 42.5 号水泥净浆代替灌浆料时，接头试件单向拉伸性能不满足标准要求。当采用 P.O 52.5 号水泥时，伴随试块在标准养护条件下 28d 抗压强度为 87.2MPa，12 号接头试件的实测抗拉强度小于 540MPa，且 10 号、11 号、12 号接头试件接头外钢筋均未断，尽管水泥净浆的抗压强度高于 85MPa，但纯水泥净浆与钢筋间的粘结锚固作用低于灌浆料，因此，用 P.O 52.5 号水泥净浆代替灌浆料时，接头试件单向拉伸性能也不满足标准要求。实际工程中应严禁使用水泥净浆代替灌浆料。

（3）水泥砂浆包裹钢筋工况：当实测包裹厚度为 2mm 时［图 8-14（a）］，水泥砂浆未完全覆盖钢筋肋高，接头试件单向拉伸性能满足标准要求。当实测包裹厚度为 4mm 时［图 8-14（b）］，水泥砂浆已完全覆盖钢筋肋高，16 号、17 号、18 号接头试件的实测屈服强度均小于 400MPa，实测抗拉强度均小于 540MPa，3 个接头试件的实测最大力下总伸长率的平均值小于 6.0%，且 3 个接头试件接头外钢筋均未断，因此，当实测包裹厚度为 4mm 时，接头试件单向拉伸性能不满足标准要求。当实测包裹厚度为 6mm 时［图 8-14（c）］，水泥砂浆已完全覆盖钢筋肋高，19 号、20 号、21 号接头试件的实测抗拉强度均小于 540MPa，3 个接头试件的实测最大力下总伸长率的平均值小于 6.0%，且 3 个接头试件接头外钢筋均未断，其中，20 号、21 号接头试件的下段钢筋发生了刮犁式拔出（图 8-15），因此，当实测包裹厚度为 6mm 时，接头试件单向拉伸性能不满足标准要求。实际工程中，应为现场外露待插入套筒的钢筋设置防护措施，可采用循环使用的保护套，防止混凝土净浆溅射到表面形成锚固薄弱层；未采取防护措施的，如有混凝土净浆溅射到钢筋表面，在上部构件吊装前应采用钢丝刷或其他措施对钢筋表面进行有效清理。

(a) 水泥砂浆包裹2mm　　　(b) 水泥砂浆包裹4mm　　　(c) 水泥砂浆包裹6mm

图 8-14　水泥砂浆包裹钢筋

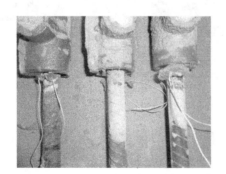 

图 8-15　钢筋发生刮犁式拔出　　　　图 8-16　灌浆料浆体发生严重离析

（4）使用过期灌浆料工况：当灌浆料超过保质期 6 个月和超过保质期 12 个月时，接头试件单向拉伸性能均满足标准要求。本试验所用灌浆料的保质期为 3 个月，试验结果表明正常使用条件下该保质期规定具有较大安全储备。

（5）使用高水灰比灌浆料工况：当灌浆料水灰比为正常水灰比的 1.1 倍和 1.2 倍时，接头试件单向拉伸性能均满足标准要求。当灌浆料水灰比为正常水灰比的 1.35 倍时，37 号、38 号接头试件的实测屈服强度均小于 400MPa，该组接头试件单向拉伸性能不满足标准要求。当灌浆料水灰比为正常水灰比的 1.5 倍时，灌浆料浆体发生严重离析（图 8-16），28 号接头试件的实测屈服强度小于 400MPa，30 号接头试件接头外钢筋未断，因此，该组接头试件单向拉伸性能不满足标准要求。当灌浆料水灰比为正常水灰比的 1.35 倍和 1.5 倍时，伴随试块在标准养护条件下 28d 抗压强度分别为 92.9MPa 和 87.4MPa，尽管均高于 85MPa，但由于水灰比过大，灌浆料浆体发生不同程度的离析，降低了其与钢筋间的粘结锚固作用，另外，该结果也表明灌浆料浆体的抗压强度未必能准确反映粘结强度。实际工程中使用的灌浆料产品，水灰比一般为可浮动的范围，正常水灰比一般取该浮动范围的中间值；当环境温度较高时，水灰比可取偏该浮动范围的上限值，但必须严格控制，确保其不超过上限值。

（6）灌浆时间滞后工况：灌浆料搅拌后 30min 进行灌浆，灌浆料浆体仍具有较好的和易性 [图 8-17(a)]，灌浆能够正常进行，接头试件单向拉伸性能满足标准要求。灌浆料搅拌后 60min 进行灌浆，灌浆料浆体和易性急剧变差 [图 8-17(b)]，尽管在实验室可通过多种措施勉强完成灌浆，最终接头试件单向拉伸性能也基本满足标准要求，但实际工程中和易性较差的灌浆料难以顺利灌浆，因而要求灌浆料浆体需在搅拌后 30min 内完成灌浆。

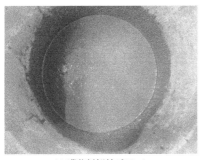 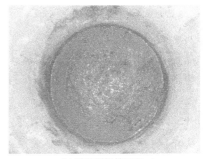

(a) 灌浆料搅拌后30min　　　　　　　(b) 灌浆料搅拌后60min

图 8-17　灌浆料搅拌后不同时间下的状态

本次研究中，接头试件的下段钢筋在套筒内锚固中部处和套筒外 50mm 处，各布置 1 个应变片（分别标记为套筒内和套筒外），测试接头单向拉伸过程中钢筋的应变变化情况。本节列出了部分典型工况接头（1 号、18 号、30 号、40 号）套筒内外钢筋应变随荷载的变化规律，如图 8-18 所示。

由图 8-18 可见，加载过程中无论是接头外钢筋被拉断（1 号和 40 号）还是钢筋未断（18 号和 30 号），最终均是套筒外钢筋发生屈服。这主要是因为，单向拉伸轴力作用下，接头外钢筋段单独受力，而接头内钢筋段和灌浆料、套筒共同受力，同一时刻接头外钢筋段承担的作用力大于接头内钢筋段，因此，同一根钢筋的接头外部分首先发生屈服，而接

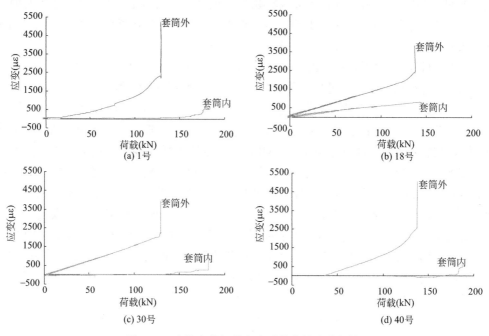

图 8-18 套筒内外钢筋应变随荷载的变化规律

头内部分一般不再屈服，即屈服集中在某一截面附近，不会产生多段屈服特征，这与大量钢筋母材试验结果一致。

8.4 本章小结

端部灌浆缺陷的影响：

（1）当灌浆缺陷长度较小时，发生接头外钢筋拉断破坏；随着灌浆缺陷长度增加，破坏模式将发生改变，可能发生钢筋和灌浆料之间的剥离破坏，也可能发生钢筋刮犁式拔出破坏。

（2）对于 GTZQ4-14 接头，当缺陷长度不超过套筒内一侧钢筋锚固长度（$8d$）的 40％时，接头单向拉伸强度仍满足要求；对于 GTZQ4-20 接头，当缺陷长度不超过套筒内一侧钢筋锚固长度（$8d$）的 30％时，接头单向拉伸强度仍满足要求；对于 GTZQ4-25 接头，当缺陷长度不超过套筒内一侧钢筋锚固长度（$8d$）的 30％时，接头单向拉伸强度仍满足要求。

（3）对于常用型号灌浆套筒，当套筒端部灌浆缺陷长度不超过套筒内一侧钢筋锚固长度（$8d$）的 30％时，其接头的单向拉伸强度仍满足要求。综合高应力反复拉压和大变形反复拉压试验结果后，当端部灌浆缺陷长度不超过套筒内一侧钢筋锚固长度（$8d$）的 20％时，灌浆缺陷对套筒接头的受力性能没有影响。

中部灌浆缺陷的影响：

（1）随着灌浆套筒内一侧钢筋锚固段中部灌浆缺陷长度从 0 增大到一侧钢筋锚固长度（$8d$）的 40％，接头试件依次发生接头外钢筋拉断破坏、钢筋和灌浆料之间瞬间剥离、钢筋刮犁式拔出三种破坏状态。

（2）当灌浆缺陷位于灌浆套筒内一侧钢筋锚固段中部时，对于常用的 GTZQ4-14、GTZQ4-20、GTZQ4-25 接头，当缺陷长度分别不超过套筒内一侧钢筋锚固长度（8d）的 20％、20％、15％时，接头单向拉伸强度仍满足要求。综合高应力反复拉压和大变形反复拉压试验结果后，当中部灌浆缺陷长度超过套筒内一侧钢筋锚固长度（8d）的 10％时，灌浆缺陷会对套筒接头的受力性能产生不利影响，低于 10％的情况尚需通过试验进一步验证。

（3）无论是全灌浆套筒还是半灌浆套筒，对于保证接头外钢筋拉断破坏的近似最大缺陷长度，中部缺陷最大长度为端部缺陷最大长度的 50％～66.7％，中部缺陷对接头性能的不利影响更大。

非正常灌浆的影响：

（1）影响情况

①采用水泥代替灌浆料、水泥砂浆包裹钢筋厚度超过钢筋肋高、灌浆料水灰比达到正常水灰比的 1.35 倍及以上等异常情况下，钢筋套筒灌浆连接接头试件单向拉伸性能均不满足标准要求。

②在加载过程中，如果钢筋发生屈服，无论是接头外钢筋拉断、还是钢筋未断情况，均是接头外钢筋发生屈服，接头内部分一般不再屈服。

（2）工程施工建议

①实际工程中，严禁使用水泥净浆代替灌浆料。

②实际工程中，应为现场外露待插入套筒的钢筋设置防护措施，可采用循环使用的保护套，防止混凝土净浆溅射到表面形成锚固薄弱层；未采取防护措施的，如有混凝土净浆溅射到钢筋表面，在构件吊装前应采用钢丝刷或其他措施对钢筋表面进行有效清理。

③实际工程中使用的灌浆料产品，水灰比一般为可浮动的范围，正常水灰比一般取该浮动范围的中间值；当环境温度比较高时，水灰比可取偏该浮动范围的上限值，但应确保不超过该上限值。

④灌浆料搅拌 60min 后和易性显著变差，尽管在实验室采取多种措施可勉强完成灌浆，最终接头试件单向拉伸性能也尚能满足标准要求，但实际工程中难以完成灌浆，应严格要求灌浆料浆体在搅拌后 30min 内完成灌浆。

参考文献

[8-1] Kim H. Bond strength of mortar-filled steel pipe splices reflecting confining effect [J]. Journal of Asian Architecture and Building Engineering，2012，11（1）：125-132.

[8-2] Ling J，Rahman A，Ibrahim I，et al. Behavior of grouted pipe splice under incremental tensile load [J]. Construction and Building Materials，2012，33（3）：90-98.

[8-3] Henin E，Morcous G. Non-proprietary bar splice sleeve for precast concrete construction [J]. Engineering Structures，2015，83（1）：154-162.

[8-4] 秦珩，钱冠龙.钢筋套筒灌浆连接施工质量控制措施 [J].施工技术，2013，42 (14)：113-117.

[8-5] 吴小宝，林峰，王涛.龄期和钢筋种类对钢筋套筒灌浆连接受力性能影响的试验研究 [J].建筑结构，2013，43 (14)：77-82.

[8-6] 王东辉，柳旭东，刘英亮，等.水泥灌浆料套筒连接接头拉伸极限承载力试验研究 [J].建筑结构，2015，45 (6)：21-23.

[8-7] 郑永峰.GDPS灌浆套筒钢筋连接技术研究 [D].南京：东南大学，2016.

[8-8] 高润东，李向民，王卓琳，等.基于预埋钢丝拉拔法的套筒灌浆饱满度检测技术研究 [J].施工技术，2017，46 (17)：1-5.

[8-9] 张富文，李向民，高润东，等.便携式 X 射线技术检测套筒灌浆密实度研究 [J].施工技术，2017，46 (17)：6-9，61.

[8-10] 中华人民共和国住房和城乡建设部.JG/T 398—2012 钢筋连接用灌浆套筒 [S].北京：中国标准出版社，2013.

[8-11] 中华人民共和国住房和城乡建设部.JG/T 408—2013 钢筋连接用套筒灌浆料 [S].北京：中国标准出版社，2013.

[8-12] 中华人民共和国住房和城乡建设部.JGJ 355—2015 钢筋套筒灌浆连接应用技术规程 [S].北京：中国建筑工业出版社，2015.

[8-13] 中华人民共和国国家质量监督检验检疫总局，中国国家标准化管理委员会.GB1499.2-2007 钢筋混凝土用钢 第 2 部分：热轧带肋钢筋 [S].北京：中国标准出版社，2007.

[8-14] 郑清林.灌浆缺陷对套筒连接接头和构件性能影响的研究 [D].北京：中国建筑科学研究院，2017.

[8-15] 李向民，高润东，许清风，等.灌浆缺陷对钢筋套筒灌浆连接接头强度影响的试验研究 [J].建筑结构，2018，48 (7)：52-56.

[8-16] 高润东，肖顺，李向民，等.非正常灌浆对钢筋套筒灌浆连接接头受力性能影响的试验研究 [J].建筑结构.2021，51 (5)：117-121.

9 套筒灌浆缺陷对装配式混凝土构件性能的影响研究

    装配式混凝土结构是由预制混凝土构件通过可靠的方式进行连接并与现场后浇混凝土、水泥基灌浆料形成整体结构，包括装配式混凝土框架结构、装配式混凝土剪力墙结构等。其中预制混凝土柱、预制混凝土剪力墙的抗震性能优劣对整体结构抗震性能至关重要。目前，国内外学者已针对无灌浆缺陷套筒连接预制混凝土柱、无灌浆缺陷套筒连接预制混凝土剪力墙的抗震性能开展了较为充分的研究，验证了预制混凝土柱、预制混凝土剪力墙中的套筒连接在各种受力情况下的可靠性，套筒灌浆连接预制柱、预制剪力墙可满足"等同现浇"的要求[9-1~9-5]。研究发现，无灌浆缺陷预制柱的破坏形态、承载力、刚度及耗能能力与现浇柱相近，但预制柱套筒区域会形成刚域，导致套筒顶部破坏最严重。无灌浆缺陷预制剪力墙的破坏形态、承载力与现浇剪力墙相近，但无灌浆缺陷预制剪力墙的刚度、耗能能力、延性略低于现浇剪力墙。

    以上都是针对套筒灌浆无缺陷的预制混凝土柱和预制混凝土剪力墙的研究。由于我国装配式建筑发展迅速但发展时间短，实际工程中存在套筒出浆孔不出浆和浆体回流等套筒灌浆质量问题[9-6]。研究表明[9-7,9-8]，灌浆缺陷对钢筋套筒灌浆连接接头的破坏模式、承载力、变形能力等均具有严重不利影响。郑清林等[9-9]进行了采用截短钢筋模拟灌浆缺陷对预制混凝土柱抗震性能影响的试验研究，截断钢筋在工程中较为少见，所考虑的灌浆缺陷位置和大小与实际工程存在一定差异。目前，有关套筒灌浆缺陷对预制混凝土柱和预制混凝土剪力墙抗震性能影响的研究还很少。

    因此，本章针对装配式混凝土结构快速发展的现状和不足，开展了套筒灌浆缺陷对预制混凝土柱和预制混凝土剪力墙抗震性能影响的试验研究。通过在不同位置套筒中预设不同类型与大小的灌浆缺陷，开展预制混凝土柱及对比现浇混凝土柱、预制混凝土剪力墙及对比现浇混凝土剪力墙的低周往复试验，全面考察套筒灌浆缺陷对预制混凝土柱和预制混凝土剪力墙抗震性能的影响，为装配式混凝土结构的抗震性能评估提供科学依据。

9.1 套筒灌浆缺陷对预制混凝土柱抗震性能影响的试验研究

9.1.1 试验概况

9.1.1.1 试件设计

设计并制作了 7 个足尺预制混凝土柱试件与 1 个现浇混凝土柱试件[9-10]，截面尺寸为 300mm×300mm，高度为 1200mm（包括底部接缝厚度）。预制混凝土柱柱身与柱帽混凝土一体浇筑，底座混凝土单独浇筑，待龄期达到 28d 后再将柱身与底座装配并灌浆连接。根据行业标准《装配式混凝土结构技术规程》JGJ 1—2014[9-11] 的规定，在柱身底面设置"米"字形键槽，并在底座顶面设置粗糙面，柱底部接缝厚度为 20mm。

预制混凝土柱配置 8Φ16 的纵筋，纵筋全部采用全灌浆套筒连接，柱下部一定范围内箍筋加密布置。预制混凝土柱的几何尺寸与配筋如图 9-1 所示。

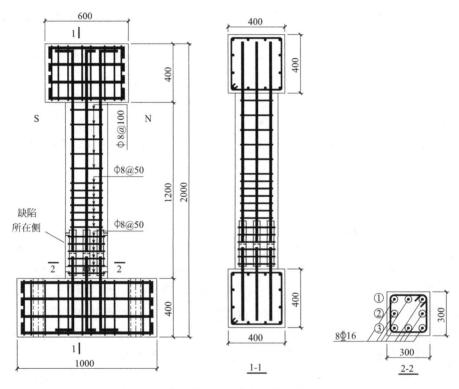

图 9-1　预制混凝土柱几何尺寸与配筋（mm）

现浇柱的几何尺寸及配筋与预制混凝土柱完全相同，现浇柱的柱帽、柱身与底座一体浇筑混凝土。

预制混凝土柱试件的套筒灌浆缺陷情况见表 9-1，所设计的灌浆缺陷情况可涵盖实际工程中常见的缺陷范围。现浇混凝土柱试件可与无灌浆缺陷预制混凝土柱进行比较，验证无灌浆缺陷预制混凝土柱是否能达到"等同现浇"的效果；其他预设灌浆缺陷的预制混凝土柱可与无灌浆缺陷预制混凝土柱进行比较，考察套筒灌浆缺陷对预制混凝土柱抗震性能的不利影响。

对于所有无缺陷套筒，根据行业标准《钢筋套筒灌浆连接应用技术规程》JGJ 355—2015[9-12] 的规定，上段与下段钢筋的锚固长度均严格控制为钢筋直径 d 的 8 倍（$8d$）。对于预设灌浆缺陷的预制混凝土柱，由于柱子最外侧的钢筋是最主要的受力钢筋，因此只在预制混凝土柱最外侧一排的套筒中设置灌浆缺陷，如图 9-1 所示。

考虑到实际工程中套筒灌浆的缺陷情况，分别设计"上段钢筋浆体回落 33%（$×8d$）""上段钢筋浆体回落 67%（$×8d$）""上段钢筋浆体回落 100%（$×8d$）"与"整个套筒完全不灌浆"等不同类型及大小的灌浆缺陷。对于预设"浆体回落"缺陷的套筒，通过在套筒特定位置钻孔来精确实现上段钢筋浆体回落一定高度的缺陷；对于预设"完全不灌浆"缺陷的套筒，可填塞橡胶塞封堵套筒下端，并且该套筒不灌浆，如图 9-2 所示。已有研究结果[9-13] 表明，在套筒管壁钻小孔并不影响套筒的受力性能。

采用连通腔灌浆法进行灌浆施工。对于预设缺陷的预制混凝土柱，由于各套筒出浆孔高度有差异，故分仓、分批进行灌浆。在预试验的基础上采用泡沫塑料条分隔连通腔，前一个腔室完成灌浆且浆料硬化后，将泡沫塑料条凿除干净，再对相邻的后一个腔室进行灌浆。

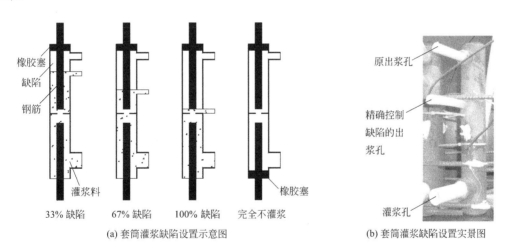

(a) 套筒灌浆缺陷设置示意图　　　　　　　　(b) 套筒灌浆缺陷设置实景图

图 9-2　套筒灌浆缺陷精确设置

试件采用如下命名规则：CC-0 表示现浇对比试件；PC-0 代表无灌浆缺陷的预制混凝土柱对比试件；PC-FX 代表不同高度灌浆缺陷的预制混凝土柱试件；PC-NY 代表不同数量未灌浆套筒的预制混凝土柱试件。

预制混凝土柱试件设计参数　　　　　　　　　　　　　　　　表 9-1

试件编号	试件类别	灌浆缺陷情况
CC-0	现浇柱	完好无缺陷
PC-0	预制柱	完好无缺陷
PC-F1	预制柱	①、②、③号套筒上段钢筋浆体均回落 33%（$×8d$），其余套筒无缺陷
PC-F2	预制柱	①、②、③号套筒上段钢筋浆体均回落 67%（$×8d$），其余套筒无缺陷

续表

试件编号	试件类别	灌浆缺陷情况
PC-F3	预制柱	①、②、③号套筒上段钢筋浆体均回落100%(×8d),其余套筒无缺陷
PC-F4	预制柱	①、②、③套筒上段钢筋浆体分别回落33%(×8d)、67%(×8d)、100%(×8d),其余套筒无缺陷
PC-N1	预制柱	①号套筒完全不灌浆,其余套筒无缺陷
PC-N2	预制柱	①、②、③号套筒均完全不灌浆,其余套筒无缺陷

9.1.1.2 材料性能

试件的纵筋与箍筋均采用 HRB400E 级变形钢筋。纵筋直径为 16mm,实测屈服强度为 431.3MPa,实测抗拉强度为 614.9MPa;箍筋直径为 8mm,实测抗拉强度为 637.3MPa,该直径的钢筋经过冷加工,故没有屈服平台。试件均采用 C40 级商品混凝土,28d 实测立方体抗压强度为 49.1MPa,试验时实测立方体抗压强度为 57.2MPa。

纵筋的弹性模量按国家标准《混凝土结构设计规范》GB 50010—2010[9-14] 的建议取 2.0×10^5 MPa,故屈服应变为 2156.5×10^{-6}。

套筒采用球墨铸铁材质的 LWB-GTZQ4 16 型号全灌浆套筒,长度为 310mm,外径为 48mm,实测抗拉强度为 622.0MPa,满足行业标准《钢筋连接用灌浆套筒》JG/T 398—2012[9-15] 的要求。灌浆料为高强灌浆料,28d 实测抗压强度为 107.2MPa,满足行业标准《钢筋连接用套筒灌浆料》JG/T 408—2013[9-16] 的要求,试验时实测灌浆料抗压强度为 113.0MPa。

9.1.1.3 加载方案

试验在上海建科集团上海市工程结构安全重点实验室进行,对试件开展低周往复加载,试验加载装置如图 9-3 所示。试件底部为固定端,顶部为自由端,模拟实际框架柱反弯点以下的一半。在试件顶部通过 1000kN 千斤顶结合水平滑车施加固定轴压力,在柱帽中心处通过 500kN 液压伺服作动器施加水平低周往复荷载。底座顶面至水平力加载点的距离为 1400mm。

水平作动器施加的荷载以推为正,以拉为负。对于预设灌浆缺陷的预制混凝土柱,带缺陷套筒位于靠近作动器的一侧,如图 9-3 所示。

正式加载前先进行预加载,调试测试仪器。正式加载时首先对试件施加竖向力,并在试验过程中保持不变,所有试件的设计轴压比均为 0.3。随后施加水平往复荷载,根据行业标准《建筑抗震试验规程》JGJ/T 101—2015[9-17] 的规定,采用荷载-位移联合控制的方式。在试件屈服前,采用荷载控制方式,每级荷载增量为 15kN,每级荷载循环 1 次。当试件加载点处荷载-位移曲线出现明显转折时,认为试件屈服,对应的位移作为屈服位移 Δ_y,并转为位移控制方式。在位移控制阶段,以屈服位移 Δ_y 的整数倍为级差进行加载,每级位移循环 3 次。当水平荷载下降至峰值荷载的 85% 或试件破坏时,停止加载。

9.1.1.4 测点布置

试件位移计布置如图 9-3 所示,位移计 D1 用于量测加载点的水平位移,位移计 D2～D4 用于量测底座的刚体位移。试件应变片布置如图 9-4 所示,在最外侧套筒中部、柱底截面下段钢筋、套筒顶截面上段钢筋布置应变片,监测关键位置的受力情况。

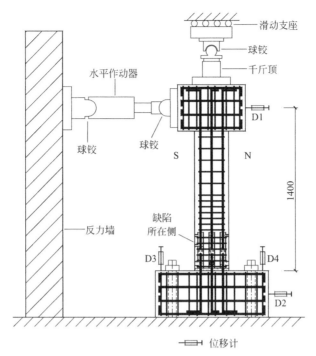

图 9-3　试验加载装置

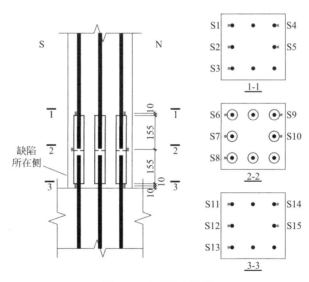

图 9-4　应变片布置图

9.1.2　试验过程与破坏形态

所有试件均呈现出典型的受弯破坏特征。根据破坏形态的不同，又可细分为 2 种破坏模式：

（1）破坏模式Ⅰ：柱底截面破坏

试件 CC-0、PC-0、PC-F1、PC-N1、PC-N2 发生了破坏模式Ⅰ。在整个试验过程中，这 5 个试件均经历了开裂、屈服、达到峰值荷载与破坏等阶段。

试件的开裂荷载在 45~60kN 之间。现浇柱柱底截面首先开裂；预制柱套筒顶截面或先于柱底截面开裂，或与柱底截面同时开裂。套筒顶截面裂缝宽度均大于柱底截面。开裂后，水平裂缝随荷载的增加在试件下部逐渐发展。

当荷载-位移曲线出现明显转折时，试件进入屈服状态，钢筋应变达到屈服，混凝土水平裂缝在数量、长度、宽度上继续增长，水平裂缝陆续出现在试件 0~800mm 高度范围内。当水平位移增加至 $2\Delta_y$ 后，试件两侧面 200~600mm 高度范围内陆续出现斜向裂缝。

当水平位移加载到 $2\Delta_y$~$4\Delta_y$ 时，试件达到峰值荷载；柱底截面裂缝宽度达到 1.5~2.0mm，超过套筒顶截面。峰值荷载过后，套筒顶截面裂缝宽度增长缓慢，并随着柱底截面裂缝宽度的显著增长而有所减小；同时，试件无新裂缝出现，但裂缝长度与宽度在原有基础上仍有增加。

当水平位移达到 $4\Delta_y$ 时，柱底 0~100mm 高度范围内混凝土外鼓起皮；当水平位移达到 $5\Delta_y$ 时，柱底 0~100mm 高度范围内混凝土开始压碎并少量剥落；当水平位移达到 $6\Delta_y$ 时，柱底 0~100mm 高度范围内混凝土严重压碎剥落，尤其是角部。试件破坏时，柱底截面裂缝宽度达到 6.0~12.0mm，而套筒顶截面裂缝宽度为 1.0mm 左右，钢筋未发生断裂。试件的破坏主要集中于柱底 0~100mm 高度范围内，并在这一范围内形成塑性铰区。试件的破坏形态如图 9-5 所示，图中给出预制柱 PC-0 的 S 侧、E 侧、N 侧的破坏图片，限于篇幅，其他 4 个试件只给出 E 侧的破坏图片。

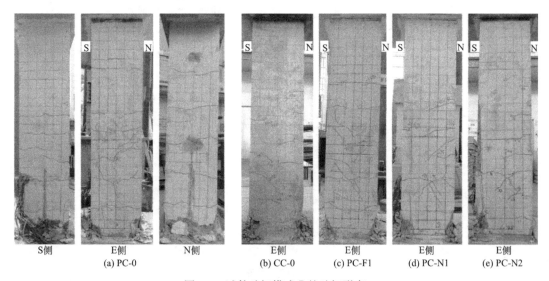

S侧	E侧	N侧	E侧	E侧	E侧	E侧
(a) PC-0			(b) CC-0	(c) PC-F1	(d) PC-N1	(e) PC-N2

图 9-5　试件破坏模式 I 的破坏形态

（2）破坏模式 II：套筒顶截面破坏

试件 PC-F2、PC-F3、PC-F4 发生了破坏模式 II，这 3 个试件的共同特点是一侧套筒内下段钢筋浆体均无缺陷，但上段钢筋浆体的平均缺陷程度不小于 67%（×8d）。相似地，在整个试验过程中，这 3 个试件也经历了开裂、屈服、达到峰值荷载与破坏等阶段。

试件的开裂荷载均为 45kN，套筒顶截面均先于柱底截面开裂。套筒顶截面裂缝宽度均大于柱底截面。开裂后，水平裂缝在试件下部逐渐发展。

当荷载-位移曲线出现明显转折时，试件进入屈服状态，钢筋应变达到屈服，混凝土水平裂缝在数量、长度、宽度上继续增长，水平裂缝陆续出现在试件 0～800mm 高度范围内。试件屈服后，两侧面 0～550mm 高度范围内陆续出现斜向裂缝。

当水平位移加载到 2Δ$_y$～3Δ$_y$ 时，试件达到峰值荷载；试件 S 侧（如图 9-1 与图 9-3所示）套筒顶截面裂缝宽度达到 2.0～4.0mm，并一直大于柱底截面。峰值荷载过后，柱底截面裂缝宽度变得非常细小；同时，试件无新裂缝出现，但裂缝长度与宽度在原有基础上仍有增加。

当水平位移达到 4Δ$_y$ 时，试件 0～400mm 高度范围内混凝土外鼓起皮；套筒顶截面裂缝宽度显著增大至 6.0mm 左右；角部沿套筒出现竖向裂纹。当水平位移达到 5Δ$_y$ 时，试件 0～400mm 高度范围内混凝土压碎剥落，尤其是套筒顶截面附近（试件 300～400mm高度范围内）较为严重；角部沿套筒劈裂。试件破坏时，套筒顶截面裂缝宽度达到 8.0～12.0mm，钢筋未发生断裂。试件的破坏主要集中于套筒顶截面附近（试件 300～400mm高度范围内）。相较于破坏模式Ⅰ，受灌浆缺陷的影响，试件的破坏区域发生上移。试件的破坏形态如图 9-6 所示，图中给出预制柱 PC-F3 的 S 侧、E 侧、N 侧的破坏图片，限于篇幅，其他 2 个试件只给出 E 侧的破坏图片。

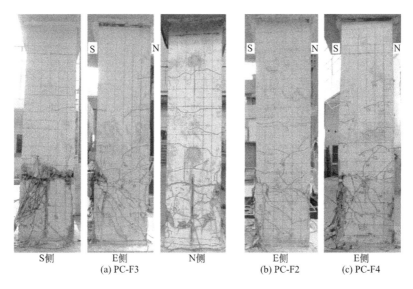

S侧　　　　E侧　　　　N侧　　　　　E侧　　　　　E侧
(a) PC-F3　　　　　　　　　　(b) PC-F2　　(c) PC-F4

图 9-6　试件破坏模式Ⅱ的破坏形态

试验结束后，选择三个典型试件不同灌浆缺陷高度的套筒进行实际灌浆缺陷的破型核查。核查结果表明，原设计灌浆缺陷高度为全灌浆套筒一侧钢筋锚固长度的 33%（PC-F1）、67%（PC-F2）、100%（PC-F3）的实际灌浆缺陷高度分别为 35%（PC-F1）、68%（PC-F2）、100%（PC-F3），实际灌浆缺陷高度与原设计值基本一致，实际灌浆缺陷照片如图 9-7 所示。另外，还发现试件 PC-F2（设计缺陷高度为全灌浆套筒一侧钢筋锚固长度的 67%）内套筒上段钢筋周围部分灌浆料发生破碎，上段钢筋与灌浆料之间发生滑移。

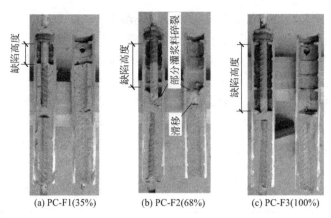

(a) PC-F1(35%)   (b) PC-F2(68%)   (c) PC-F3(100%)

图 9-7 实际灌浆缺陷

9.1.3 试验结果及分析

9.1.3.1 滞回曲线与骨架曲线

图 9-8 给出了 8 个试件的加载点水平荷载-位移滞回曲线。可以发现，加载初期，各试件滞回曲线的滞回环面积很小，加载与卸载曲线基本为线性，残余变形极小，试件处于弹性状

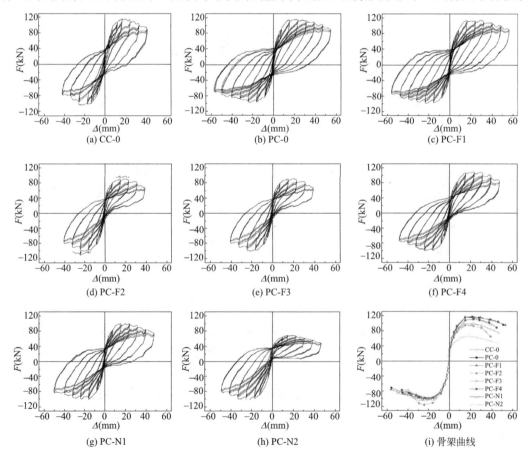

图 9-8 试件滞回曲线与骨架曲线

态。随着位移的增大，受混凝土开裂与压碎、钢筋屈服等因素的影响，试件的刚度逐渐下降，塑性变形不断发展。加载后期，试件内部损伤加重，滞回曲线出现一定的捏拢现象。

对比 8 个试件的滞回曲线，可以发现，无缺陷预制混凝土柱试件 PC-0 的滞回曲线比现浇柱 CC-0 更饱满，表明预制混凝土柱试件的抗震性能总体与现浇混凝土柱试件相当，符合"等同现浇"的要求。带缺陷预制混凝土柱试件 PC-F1 的滞回曲线与无缺陷预制混凝土柱试件 PC-0 较为接近，而其他试件的滞回曲线均不同程度地劣于无缺陷预制混凝土柱试件 PC-0，其中预制柱 PC-F2、PC-F3 与 PC-N2 的滞回曲线正、负方向表现出较明显的不对称性。这表明，超过 33%（×8d）的灌浆缺陷会对预制混凝土柱的抗震性能产生明显不利影响。

图 9-8(i) 给出了 8 个试件的加载点水平荷载-位移骨架曲线。可以看出，与无缺陷预制混凝土柱试件 PC-0 相比，试件骨架曲线正向段受灌浆缺陷影响较大，而负向受影响较小。预制混凝土柱试件 PC-F2、PC-F3、PC-N1 与 PC-N2 的骨架曲线的正向峰值荷载降低较多，且峰值后荷载下降较快。

通过骨架曲线进一步得到屈服点、峰值荷载点与破坏点的荷载与位移值，见表 9-2。其中，屈服点根据能量等值法[9-18]确定，破坏点定义为骨架曲线荷载降至峰值荷载的 85% 对应的点。

试件骨架曲线特征点参数　　　　　　　　　　　表 9-2

试件编号	加载方向	屈服点					峰值荷载点					破坏点					延性系数 μ	R_μ
		F_y (kN)	R_{Fy}	Δ_y (mm)	$R_{\Delta y}$	θ_y	F_p (kN)	R_{Fp}	Δ_p (mm)	$R_{\Delta p}$	θ_p	F_u (kN)	R_{Fu}	Δ_u (mm)	$R_{\Delta u}$	θ_u		
CC-0	正	98.5	1.04	9.9	1.10	1/141	115.6	1.00	17.3	0.78	1/81	98.3	1.00	37.3	0.75	1/38	3.76	0.68
	负	86.1	1.05	9.7	1.18	1/145	102.2	1.05	25.2	1.12	1/56	86.9	1.05	33.5	0.77	1/42	3.46	0.65
PC-0	正	94.6	1.00	9.0	1.00	1/155	116.0	1.00	22.3	1.00	1/63	98.6	1.00	49.7	1.00	1/28	5.51	1.00
	负	82.3	1.00	8.2	1.00	1/172	96.9	1.00	23.2	1.00	1/62	82.4	1.00	43.5	1.00	1/32	5.34	1.00
PC-F1	正	93.1	0.98	9.2	1.02	1/153	114.6	0.99	30.0	1.35	1/47	97.4	0.99	51.1	1.03	1/27	5.57	1.01
	负	83.7	1.02	8.3	1.01	1/170	98.2	1.01	23.0	1.00	1/61	83.2	1.01	46.2	1.06	1/30	5.59	1.05
PC-F2	正	76.9	0.81	8.1	0.90	1/172	93.7	0.81	15.4	0.69	1/91	79.6	0.81	33.8	0.68	1/41	4.15	0.75
	负	95.6	1.16	10.9	1.33	1/129	115.2	1.19	23.5	1.01	1/60	98.0	1.19	33.1	0.76	1/42	3.04	0.57
PC-F3	正	77.5	0.82	6.9	0.77	1/204	93.8	0.81	21.3	0.96	1/66	79.7	0.81	34.1	0.69	1/41	4.97	0.90
	负	81.4	0.99	9.0	1.10	1/156	96.1	0.99	20.7	0.92	1/68	81.7	0.99	34.8	0.80	1/40	3.88	0.73
PC-F4	正	88.9	0.94	10.0	1.11	1/139	109.6	0.94	23.4	1.05	1/60	93.2	0.95	42.4	0.85	1/33	4.22	0.77
	负	83.0	1.01	8.7	1.06	1/162	98.4	1.02	23.0	0.99	1/60	81.0	0.98	37.3	0.86	1/38	4.31	0.80
PC-N1	正	80.1	0.85	7.5	0.83	1/188	97.3	0.84	23.7	1.06	1/59	82.7	0.84	40.2	0.81	1/35	5.39	0.98
	负	84.4	1.03	9.3	1.13	1/151	101.4	1.05	15.6	0.69	1/90	86.2	1.05	44.4	1.02	1/32	4.79	0.90
PC-N2	正	51.6	0.55	6.7	0.74	1/209	64.5	0.56	15.9	0.71	1/88	54.8	0.56	36.6	0.74	1/38	5.47	0.99
	负	88.8	1.08	10.1	1.23	1/139	103.6	1.07	22.3	0.99	1/63	88.1	1.07	43.2	0.99	1/32	4.28	0.80

注：1. F、Δ、θ 分别表示加载点水平荷载、位移、相应的侧移角，且 $\theta=\Delta/h$（h 为柱子水平荷载高度 1400mm）；

2. 试件的位移延性系数 μ 定义为破坏点位移与屈服点位移之比，即 $\mu=\Delta_u/\Delta_y$；

3. R 是其他试件的骨架曲线特征点参数值与无缺陷预制混凝土柱试件 PC-0 骨架曲线对应特征点参数值的比值。

9.1.3.2 承载力

从表 9-2 可以看出，无缺陷预制混凝土柱试件 PC-0 的正向承载力高于其负向承载力，这是由于正向加载在负向加载之前，负向加载时试件内部损伤累积更加严重。而带缺陷预制柱的正向承载力逐渐接近负向承载力，甚至低于负向承载力，这是灌浆缺陷所导致的。

表 9-2 给出了各试件骨架曲线特征点参数与无缺陷预制混凝土柱试件 PC-0 骨架曲线对应特征点参数的比值，可直观考察灌浆缺陷对试件承载力的影响。对于带缺陷预制混凝土柱试件，其正向承载力相对于无缺陷预制混凝土柱试件 PC-0 的降低程度大于负向承载力。这是因为，带缺陷套筒在正向加载时受拉、在负向加载时受压，而灌浆缺陷对套筒受压性能的不利影响低于其受拉性能。

无缺陷预制混凝土柱试件 PC-0 与现浇混凝土柱试件 CC-0 的峰值荷载相差不多。与无缺陷预制混凝土柱试件 PC-0 相比，试件 PC-F1 的峰值荷载与其基本相同；试件 PC-F2、PC-F3、PC-F4、PC-N1 的正向峰值荷载分别降低了 19%、19%、6%、16%；试件 PC-N2 的正向峰值荷载降低了 44%，较为严重。这表明，超过 33%（×8d）的灌浆缺陷会对预制柱的峰值荷载产生较大不利影响。

套筒灌浆连接接头的缺陷影响试验研究结果表明，当套筒端头灌浆缺陷长度不超过 30%（×8d）时，接头的单向拉伸强度仍能符合要求[9-7]。因此，套筒灌浆缺陷的影响在接头层面与构件层面具有一定的一致性。

9.1.3.3 延性

由表 9-2 可知，各试件的位移延性系数介于 3.04～5.59 之间，各试件位移延性系数均大于 3.0，表明各试件具有较好的变形能力。

各试件破坏点对应的侧移角 θ_u 介于 1/27～1/42 之间，超过了国家标准《建筑抗震设计规范》GB 50011—2010[9-19] 规定的钢筋混凝土框架结构弹塑性层间位移角限值 1/50。

由表 9-2 可知，现浇混凝土柱试件 CC-0 的正、负方向延性系数比无缺陷预制混凝土柱试件 PC-0 分别低 32%、35%，表明预制混凝土柱的延性优于现浇混凝土柱，这一结论与已有研究一致[9-20]。这是由于预制柱与现浇柱的纵筋中心位置相同，但预制柱套筒直径比钢筋大，故预制柱箍筋包围的核心混凝土范围更大，而核心混凝土具有良好的变形能力。

与无缺陷预制混凝土柱试件 PC-0 相比，试件 PC-F1 的延性系数与其相差不多；试件 PC-N1 的延性系数略有降低，正、负方向分别降低了 2%、10%；试件 PC-F2、PC-F3、PC-F4 与 PC-N2 的正方向延性系数分别降低了 25%、10%、23% 与 1%，负方向延性系数分别降低了 43%、27%、19% 与 20%，影响较为明显。这表明，超过 33%（×8d）的灌浆缺陷会对预制混凝土柱试件的延性产生较大不利影响。总体上，带缺陷预制混凝土柱试件的负向延性系数一般低于正向，并且灌浆缺陷对预制柱负向延性系数的降低程度一般大于正向，这是由于灌浆缺陷使该侧钢筋失去侧向约束，受压时发生屈曲，无法充分发挥抗压能力，混凝土受压区高度增大，从而导致试件侧向变形能力降低，延性受到抑制。

9.1.3.4 刚度退化与承载力退化

在循环加载过程中试件损伤不断累积，其刚度随循环次数的增加而不断降低。采用环线刚度来表征预制混凝土柱试件在往复荷载作用下的刚度退化性能，环线刚度按式(9-1)进行计算：

$$K_i = \dfrac{\displaystyle\sum_{j=1}^{n} F_i^j}{\displaystyle\sum_{j=1}^{n} \Delta_i^j} \tag{9-1}$$

式中，K_i 为第 i 级加载时的环线刚度，F_i^j 与 Δ_i^j 分别为第 i 级加载时第 j 次循环下的峰值水平荷载与其对应的位移，n（＝1 或 3）为循环次数。

对试件环线刚度进行无量纲化处理，即将不同位移级别对应的试件环线刚度 K 除以其正向加载初始刚度 K_0。无量纲化后试件环线刚度随位移的变化规律如图 9-9(a) 所示。可以看出，试件刚度退化均匀，表明试件的延性较好。另外，相较于预制混凝土柱试件，现浇混凝土柱试件 CC-0 的刚度退化得更缓慢一些。灌浆缺陷对预制混凝土柱试件刚度退化性能的影响并不明显。

循环加载作用下同一级位移对应的承载力随循环次数的增加而降低，这一特性可用承载力退化系数 λ 来表征。根据行业标准《建筑抗震试验规程》JGJ/T 101—2015[9-17]，将 λ 定义为同一位移幅值下末次循环的峰值水平荷载与首次循环的峰值水平荷载的比值，按式(9-2) 进行计算：

$$\lambda = \dfrac{F_i^n}{F_i^1} \tag{9-2}$$

式中，λ 为承载力退化系数，F_i^1 与 F_i^n 分别为第 i 级加载时首次与末次循环下的峰值水平荷载。

试件的承载力退化规律如图 9-9(b) 所示。可以看出，各试件的承载力退化系数 λ 均在 0.85 以上，表明试件的承载力虽在退化，但并不十分显著。另外，由于灌浆缺陷的影响，带缺陷预制混凝土柱试件 PC-F2 与 PC-F3 的承载力退化系数稍低一些。

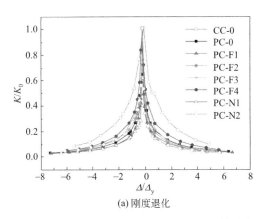
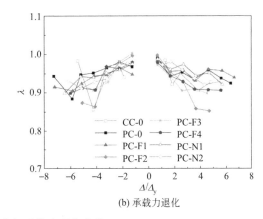

(a) 刚度退化　　　　　　　　　　　(b) 承载力退化

图 9-9　试件刚度退化与承载力退化曲线

9.1.3.5　应变分析

图 9-10 给出了 2 种破坏模式下预制柱钢筋与套筒应变的典型变化曲线。可以看出，对于发生破坏模式 I 的试件（如 PC-0），柱底截面下段钢筋的应变（S12）很早就达到并随后远超过屈服应变；而套筒中部应变（S7）始终未超过屈服应变。对于发生破坏模式

Ⅱ的试件（如 PC-F3），柱底截面下段钢筋的应变（S12）虽然也达到屈服应变，但数值远小于发生破坏模式Ⅰ的试件（如 PC-0）；而套筒中部应变（S7）正、负向均超过屈服应变。这表明，对于发生破坏模式Ⅱ的试件，受灌浆缺陷的影响，套筒灌浆连接接头无法充分传力，在缺陷处形成薄弱环节，损伤集中于此处并不断累积，故破坏最严重区域从柱底向套筒区域转移。

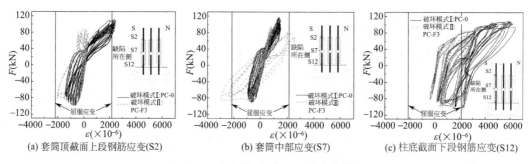

(a) 套筒顶截面上段钢筋应变(S2)　　(b) 套筒中部应变(S7)　　(c) 柱底截面下段钢筋应变(S12)

图 9-10　预制柱水平荷载-应变曲线

9.1.3.6　耗能能力

耗能能力是评价结构抗震性能的一个重要指标。循环加载条件下，试件的耗能能力与滞回环的面积成正比，而累积耗能可反映总耗散能量的增长趋势。

各试件的累积耗能曲线如图 9-11 所示，可以看出，各试件的累积耗能随位移增加呈抛物线形增长，表明试件具有良好的耗能能力。

现浇混凝土柱试件 CC-0 的最终累积耗能值比无缺陷预制混凝土柱试件 PC-0 低 51%，表明预制混凝土柱试件的耗能能力强于现浇混凝土柱试件，这一结论与已有研究一致[9-20]，同样是因为预制混凝土柱试件箍筋包围的核心混凝土范围更大的缘故。

试件 PC-F1 的累积总耗能值与无缺陷预

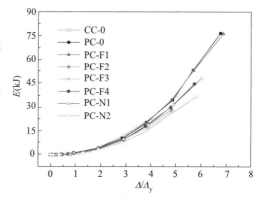

图 9-11　试件累积耗能曲线

制混凝土柱试件 PC-0 相近，而试件 PC-F2、PC-F3、PC-F4、PC-N1 与 PC-N2 的累积总耗能值比无缺陷预制混凝土柱试件 PC-0 低 37%～63%，表明超过 33%（×8d）的灌浆缺陷对预制柱的耗能能力影响较显著。

9.2　套筒灌浆缺陷对预制混凝土剪力墙抗震性能影响的试验研究

9.2.1　试验概况

9.2.1.1　试件设计

设计并制作了 7 片足尺预制混凝土剪力墙试件与 1 片现浇混凝土剪力墙试件[9-21]，截面尺寸为 1400mm×200mm，墙身高度为 2850mm（包括底部接缝厚度）。预制混凝土剪力墙墙身与加载梁混凝土一体浇筑，地梁混凝土单独浇筑，待龄期达到 28d 后再将墙身与地梁装配并灌浆连接。根据行业标准《装配式混凝土结构技术规程》JGJ 1—2014[9-11] 的规定，在墙身底面与地梁顶面均设置粗糙面，剪力墙底部接缝厚度为 20mm。现浇混凝土剪力墙的几何尺寸与预制混凝土剪力墙完全相同，现浇混凝土剪力墙的加载梁、墙身与地梁一体浇筑混凝土。

剪力墙配置双排竖向钢筋，墙体下部一定范围内水平分布钢筋与边缘构件箍筋加密布置。预制剪力墙两侧边缘构件中分别配置 4Φ16mm 的纵筋，全部采用全灌浆套筒连接；预制剪力墙中间分别采用交叉梅花形配置 4Φ10mm 和 4Φ16mm 的竖向分布筋，其中 4Φ10mm 纵筋在墙底断开，4Φ16mm 纵筋采用全灌浆套筒连接。现浇剪力墙两侧边缘构件中分别配置 4Φ16mm 的纵筋，墙体中间配置 8Φ10mm 的竖向分布钢筋，所有纵筋均贯通墙身与地梁。

预制混凝土剪力墙及现浇混凝土剪力墙的几何尺寸与配筋如图 9-12 所示。

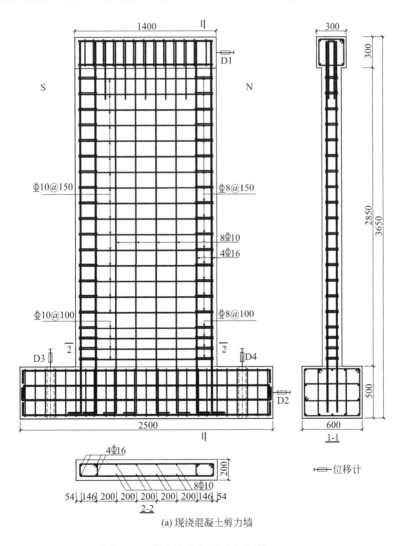

(a) 现浇混凝土剪力墙

图 9-12　剪力墙几何尺寸与配筋（mm）

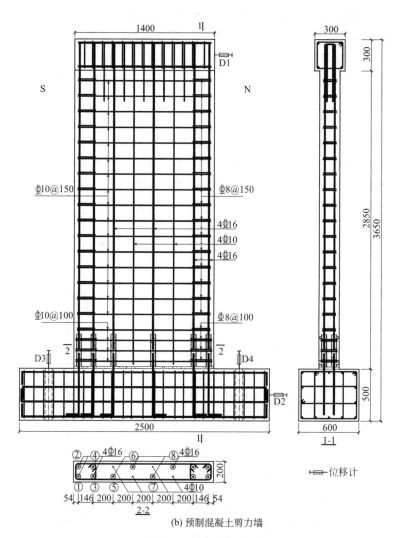

图 9-12　剪力墙几何尺寸与配筋（mm）（续）

　　预制混凝土剪力墙试件的套筒灌浆缺陷情况见表 9-3，所设计的缺陷情况可涵盖实际工程中常见的缺陷范围。现浇混凝土剪力墙试件可与无灌浆缺陷预制混凝土剪力墙进行比较，验证无灌浆缺陷预制混凝土剪力墙是否能达到"等同现浇"的效果；其他预设灌浆缺陷的预制混凝土剪力墙可与无灌浆缺陷预制混凝土剪力墙进行比较，考察套筒灌浆缺陷对预制混凝土剪力墙抗震性能的影响规律。

　　对于所有无缺陷套筒，根据行业标准《钢筋套筒灌浆连接应用技术规程》JGJ 355—2015[9-12] 的规定，上段与下段钢筋的锚固长度均严格控制为钢筋直径 d 的 8 倍（$8d$）。对于预设灌浆缺陷的预制混凝土剪力墙，由于边缘构件中纵筋是提供截面抗力的最主要钢筋，因此主要考虑在边缘构件套筒中设置灌浆缺陷，同时兼顾在墙体中间竖向分布钢筋套筒中设置灌浆缺陷的情况。

　　考虑到实际工程中套筒灌浆的缺陷情况，分别设计"上段钢筋浆体回落 25%（×$8d$）""上段钢筋浆体回落 50%（×$8d$）"与"上段钢筋浆体回落 100%（×$8d$）"等不同大小的灌浆缺陷。通过在套筒特定位置钻孔来精确实现上段钢筋浆体回落设定高度的缺陷，如图 9-13 所示。已有研究结果[9-13] 表明，在套筒管壁钻孔并不影响套筒的受力性能。

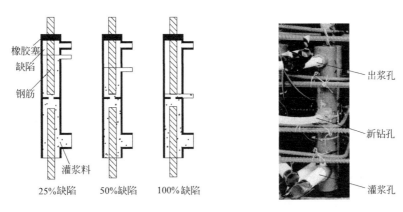

(a) 套筒灌浆缺陷设置示意图   (b) 套筒灌浆缺陷设置实景图

图 9-13 套筒灌浆缺陷精确设置

采用连通腔灌浆法进行灌浆施工。对于预设灌浆缺陷的预制混凝土剪力墙，由于各套筒出浆孔高度有差异，故分仓、分批进行灌浆。在预试验的基础上采用泡沫塑料条分隔连通腔，前一个腔室完成灌浆且浆料硬化后，将泡沫塑料条凿除干净，再对相邻的后一个腔室进行灌浆。

混凝土剪力墙试件设计参数   表 9-3

试件编号	试件类别	灌浆缺陷情况
CW-0	现浇墙	完好无缺陷
PW-0	预制墙	完好无缺陷
PW-1	预制墙	①、②号套筒上段钢筋浆体回落 50%($\times 8d$)，其余套筒无缺陷
PW-2	预制墙	①、②号套筒上段钢筋浆体回落 100%($\times 8d$)，其余套筒无缺陷
PW-3	预制墙	①、②、③、④号套筒上段钢筋浆体回落 25%($\times 8d$)，其余套筒无缺陷
PW-4	预制墙	①、②、③、④号套筒上段钢筋浆体回落 50%($\times 8d$)，其余套筒无缺陷
PW-5	预制墙	①、②、③、④号套筒上段钢筋浆体回落 100%($\times 8d$)，其余套筒无缺陷
PW-6	预制墙	⑤、⑥、⑦、⑧号套筒上段钢筋浆体回落 50%($\times 8d$)，其余套筒无缺陷

9.2.1.2 材料性能

试件的纵筋与箍筋均采用 HRB400E 级变形钢筋。直径 16mm 纵筋的实测屈服强度为 438.7MPa，抗拉强度为 616.0MPa；直径 10mm 分布钢筋的实测屈服强度为 459.1MPa，抗拉强度为 641.4MPa；直径 8mm 箍筋的实测抗拉强度为 683.5MPa，由于其经过冷加工故没有屈服平台。试件均采用设计强度等级为 C40 的商品混凝土，28d 实测立方体抗压强度为 55.4MPa，试验时实测立方体抗压强度为 64.5MPa。

套筒采用球墨铸铁材质的 LWB-GTZQ4 16 型全灌浆套筒，长度为 310mm，外径为 48mm，实测抗拉强度为 622.0MPa，满足行业标准《钢筋连接用灌浆套筒》JG/T 398—2012[9-15] 的要求。灌浆料为高强无收缩水泥基材料，28d 实测抗压强度为 103.1MPa，满足行业标准《钢筋连接用套筒灌浆料》JG/T 408—2013[9-16] 的要求。试验时实测灌浆料抗压强度为 112.6MPa。

9.2.1.3 加载方案

试验在上海建科集团上海市工程结构安全重点实验室进行，对试件开展低周往复加载，试验加载装置如图 9-14 所示。在试件顶部通过 2000kN 千斤顶结合水平滑车施加固定轴压荷载。利用 2 个 500kN 液压伺服作动器，通过水平分配梁在加载梁端部中心处同步施加相等的水平低周往复荷载。地梁顶面至水平荷载加载点的距离为 3000mm。

水平作动器施加的荷载以推为正、拉为负。对于预设灌浆缺陷的预制混凝土剪力墙，带缺陷套筒位于靠近作动器一侧，如图 9-14 所示。

正式加载前先进行预加载，调试测试仪器。正式加载时首先对试件施加竖向荷载，并在试验过程中保持荷载不变，所有试件的设计轴压比均为 0.25；随后施加水平往复荷载，根据行业标准《建筑抗震试验规程》JGJ/T 101—2015[9-17] 的规定，采用荷载-位移联合控制的方式。在试件屈服前，采用荷载控制方式，每级荷载增量为 15kN，每级荷载循环 1 次。当试件加载点处荷载-位移曲线出现明显转折时，相应的位移作为屈服位移 Δ_y，并转为位移控制方式。在位移控制阶段，以屈服位移 Δ_y 的整数倍为级差进行加载，每级位移循环 3 次。当水平荷载下降至峰值荷载的 85% 或试件破坏时，停止加载。

9.2.1.4 测点布置

位移计 D1 用于量测加载点的水平位移，位移计 D2～D4 用于量测底座的刚体位移，位移计布置如图 9-12 所示。在最外侧套筒中部、柱底截面下段钢筋、套筒顶截面上段钢筋布置应变片量测关键位置的受力情况，试件应变片布置如图 9-15 所示。

图 9-14 试验加载装置

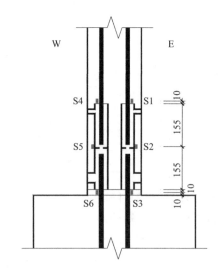

图 9-15 应变片布置图（南侧）

9.2.2 试验过程与破坏形态

所有试件均发生弯曲破坏，即边缘构件纵筋屈服，剪力墙两端底部混凝土压溃。根据破坏形态的不同，又可细分为 2 种破坏模式：

（1）破坏模式 A：墙底截面破坏

现浇试件 CW-0 和预制试件 PW-0、PW-3、PW-4、PW-6 均发生了破坏模式 A，其破坏特征具有共性，总结如下：

当水平荷载达到 240～280kN 时，剪力墙水平开裂。现浇试件 CW-0 在 200mm 高度处（0mm 高度位于剪力墙墙身底部截面）首先开裂；预制试件 PW-0、PW-3、PW-4、PW-6 在套筒顶截面（330mm 高度处）附近首先开裂。开裂后，水平裂缝随荷载的增大逐渐发展。

当水平位移达到 10mm 时，试件出现斜裂缝。当荷载-位移曲线出现明显转折时，试件进入屈服状态，钢筋应变达到屈服，混凝土裂缝在数量、长度、宽度上继续增长。裂缝逐步分布在剪力墙 0～850mm 高度范围内。当水平位移达到 20mm 时，试件两端底部混凝土外鼓起皮；当水平位移达到 25～30mm 时，剪力墙两端 0～100mm 高度范围内出现竖向劈裂裂缝；当水平位移达到 35～40mm 时，剪力墙两端 0～100mm 高度范围内混凝土保护层开始压碎剥落；当水平位移达到 35～50mm 时，水平荷载达到峰值，剪力墙底部接缝受拉张开，裂缝宽度增大至 5.0～8.0mm；当水平位移达到 55～65mm 时，剪力墙两端角部混凝土被压溃，最外侧纵筋在墙底处屈曲并断裂。破坏时，现浇试件 CW-0 底部截面裂缝宽度为 12.0mm，预制试件 PW-0、PW-3、PW-4、PW-6 底部截面裂缝宽度为 12.0～15.0mm。试件破坏模式 A 的破坏形态如图 9-16 所示。

现浇试件与预制试件的裂缝分布、混凝土受压破坏特征略有不同，预制试件的裂缝更加密集，表明套筒连接可以有效传递应力；现浇试件两端底部混凝土压溃区域更大，而预制试件相对要小，表明套筒对核心混凝土的约束作用较强。

（2）破坏模式 B：套筒连接区域破坏

预制剪力墙试件 PW-1、PW-2、PW-5 发生了破坏模式 B，其破坏特征具有共性，总结如下：

当荷载达到 200～240kN 时，预制剪力墙试件套筒顶截面附近首先水平开裂。开裂后，水平裂缝随荷载的增大在剪力墙下部逐渐发展。

当水平位移达到 10mm 时，试件出现斜裂缝，同时套筒顶截面水平裂缝宽度骤增至 3.0～5.0mm。当荷载-位移曲线出现明显转折时，试件进入屈服状态，钢筋应变达到屈服，混凝土裂缝在数量、长度、宽度上继续增长。裂缝逐步分布在试件 0～800mm 高度范围内。试件缺陷所在侧（S 侧）的裂缝分布比无缺陷侧（N 侧）较稀疏。当水平位移达到 20mm 时，试件两端底部混凝土外鼓起皮；当水平位移达到 25mm 时，试件两端 0～100mm 高度范围内出现竖向劈裂裂缝；当水平位移达到 30～40mm 时，试件两端 0～100mm 高度范围内混凝土保护层开始压碎剥落，缺陷所在侧（S 侧）套筒顶截面裂缝宽度显著增大至 8.0～15.0mm；当水平位移达到 35～50mm 时，水平荷载达到峰值。当水平位移达到 55～65mm 时，在试件缺陷所在侧（S 侧），0～300mm 高度区域混凝土被压溃，带缺陷套筒上段钢筋发生滑移拔出，紧邻的无缺陷套筒上段钢筋在套筒顶截面处可能被拉断；在试件无缺陷侧（N 侧），角部混凝土被压溃，最外侧纵筋在墙底处断裂。破坏时，试件底部截面裂缝宽度为 15.0～25.0mm。试件的破坏形态如图 9-17 所示。

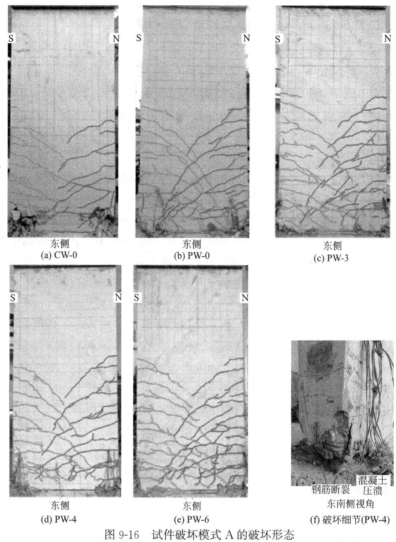

(a) CW-0

(b) PW-0

(c) PW-3

(d) PW-4

(e) PW-6

(f) 破坏细节(PW-4)

图 9-16 试件破坏模式 A 的破坏形态

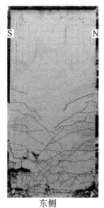

(a) PW-1

(b) PW-2

(c) PW-5

(d) 破坏细节(PW-2)

(e) 破坏细节(PW-1)

图 9-17 试件破坏模式 B 的破坏形态

9.2.3 试验结果及分析

9.2.3.1 滞回曲线与骨架曲线

图 9-18 给出了 8 个试件的加载点水平荷载-位移滞回曲线。可以发现，加载初期，各试件滞回曲线的滞回环面积很小，加载与卸载曲线基本为线性，残余变形极小，试件处于弹性状态。随着位移增大，受混凝土开裂与压碎、钢筋屈服等因素影响，试件刚度逐渐下降，塑性变形不断发展。加载后期，试件内部损伤加重，滞回曲线出现一定的捏拢现象。无灌浆缺陷预制混凝土剪力墙试件 PW-0 的滞回曲线捏拢效应弱于现浇剪力墙试件 CW-0，前者的滞回曲线比后者更饱满，表明无灌浆缺陷预制混凝土剪力墙试件的抗震性能总体上与现浇混凝土剪力墙试件相当，符合"等同现浇"的要求。带灌浆缺陷预制混凝土剪力墙试件 PW-1、PW-3 的滞回曲线与无灌浆缺陷预制混凝土剪力墙试件 PW-0 较为接近，而其他试件的滞回曲线均不同程度地劣于无灌浆缺陷预制混凝土剪力墙试件 PW-0，其中试件 PW-2、PW-5 的滞回曲线正、负向表现出较明显的不对称性。这表明 50%（×8d）及以上的灌浆缺陷会对预制混凝土剪力墙试件的抗震性能产生明显不利影响。

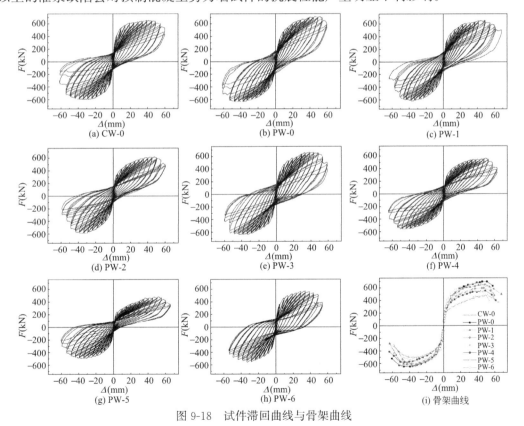

图 9-18 试件滞回曲线与骨架曲线

图 9-18(i) 给出了 8 个试件的加载点水平荷载-位移骨架曲线。可以看出，各试件荷载达到峰值后下降都较快。试件骨架曲线正向段受灌浆缺陷的影响比负向段更大一些。试件 PW-2、PW-4、PW-5 与 PW-6 的骨架曲线的正向峰值荷载降低较多。

通过骨架曲线得到屈服点、峰值荷载点与破坏点的荷载与位移值，见表 9-4。其中，屈服

表 9-4

试件骨架曲线特征点参数

试件编号	加载方向	屈服点					峰值荷载点					破坏点					延性系数 μ	R_μ
		F_y (kN)	R_{Fy}	Δ_y (mm)	$R_{\Delta y}$	θ_y	F_p (kN)	R_{Fp}	Δ_p (mm)	$R_{\Delta p}$	θ_p	F_u (kN)	R_{Fu}	Δ_u (mm)	$R_{\Delta u}$	θ_u		
CW-0	正	547.6	0.94	11.0	0.58	1/274	646.3	0.92	38.9	0.86	1/77	549.4	0.92	57.8	0.95	1/52	5.28	1.62
	负	494.0	0.95	11.1	0.69	1/271	594.4	0.93	33.5	0.85	1/89	505.2	0.93	54.0	0.93	1/56	4.88	1.35
PW-0	正	584.5	1.00	18.7	1.00	1/160	702.1	1.00	45.3	1.00	1/66	596.8	1.00	61.1	1.00	1/49	3.26	1.00
	负	520.1	1.00	16.1	1.00	1/186	640.5	1.00	39.4	1.00	1/76	544.4	1.00	58.3	1.00	1/51	3.62	1.00
PW-1	正	538.6	0.92	17.4	0.93	1/173	654.3	0.93	48.5	1.07	1/62	556.2	0.93	62.0	1.01	1/48	3.56	1.09
	负	514.2	0.99	15.7	0.98	1/191	623.4	0.97	37.1	0.94	1/81	529.9	0.97	52.3	0.90	1/57	3.32	0.92
PW-2	正	489.7	0.84	17.2	0.92	1/175	599.7	0.85	47.1	1.04	1/64	509.8	0.85	57.8	0.95	1/52	3.37	1.03
	负	491.0	0.94	15.7	0.97	1/191	602.8	0.94	32.5	0.82	1/92	512.4	0.94	48.7	0.84	1/62	3.10	0.86
PW-3	正	556.8	0.95	16.0	0.85	1/188	672.4	0.96	43.8	0.97	1/69	571.5	0.96	55.4	0.91	1/54	3.47	1.07
	负	526.2	1.01	14.5	0.90	1/206	635.5	0.99	32.8	0.83	1/92	540.2	0.99	54.6	0.94	1/55	3.75	1.04
PW-4	正	457.4	0.78	17.5	0.93	1/172	556.8	0.79	48.8	1.08	1/61	473.3	0.79	57.4	0.94	1/52	3.29	1.01
	负	466.7	0.90	19.4	1.21	1/154	570.8	0.89	45.9	1.17	1/65	485.2	0.89	57.3	0.98	1/52	2.95	0.81
PW-5	正	377.3	0.65	22.4	1.20	1/134	480.4	0.68	51.5	1.14	1/58	408.3	0.68	60.4	0.99	1/50	2.70	0.83
	负	408.4	0.79	13.8	0.86	1/217	496.3	0.77	35.8	0.91	1/84	421.9	0.77	51.3	0.88	1/58	3.72	1.03
PW-6	正	478.2	0.82	12.0	0.64	1/250	568.2	0.81	34.5	0.76	1/87	483.0	0.81	49.8	0.81	1/60	4.15	1.27
	负	463.0	0.89	12.6	0.78	1/238	561.6	0.88	32.7	0.83	1/92	477.4	0.88	49.5	0.85	1/61	3.93	1.09

注：1. F、Δ、θ 分别表示加载点水平荷载、位移、相应的侧移角，且 $\theta=\Delta/h$（h 为剪力墙水平荷载高度 3000mm）;

2. 试件的位移延性系数 μ 为破坏点位移与屈服点位移之比，即 $\mu=\Delta_u/\Delta_y$;

3. R 是其他试件的骨架曲线特征点参数值与无缺陷预制混凝土剪力墙试件 PW-0 骨架曲线对应特征点参数值的比值。

点根据能量等值法^[9-18] 确定，破坏点定义为骨架曲线荷载降至峰值荷载的 85% 对应
的点。

9.2.3.2 承载力

从表 9-4 可以看出，无灌浆缺陷试件 PW-0 的正向承载力高于其负向承载力，这是由
于正向加载在负向加载之前，负向加载时试件内部损伤累积更加严重。而带灌浆缺陷试件
的正向承载力逐渐接近负向承载力，甚至低于负向承载力，这是灌浆缺陷所导致的。

对于带灌浆缺陷试件，其正向承载力相对于无灌浆缺陷试件 PW-0 的降低程度大于负
向承载力。这是因为，带灌浆缺陷套筒在正向加载时受拉、在负向加载时受压，而灌浆缺
陷对套筒受拉性能的不利影响大于其受压性能。

无灌浆缺陷试件 PW-0 的峰值荷载略高于现浇试件 CW-0。与无灌浆缺陷试件 PW-0
相比，试件 PW-1、PW-3、PW-2、PW-4、PW-5、PW-6 的峰值荷载降低了 1%～32%。
总体而言，50%（×8d）及以上的灌浆缺陷会对预制混凝土剪力墙的峰值荷载产生较大
不利影响。

9.2.3.3 延性

由表 9-4 可知，无灌浆缺陷试件 PW-0 与现浇试件 CW-0 的位移延性系数均大于 3.0，
无灌浆缺陷试件具有较好的变形能力。带灌浆缺陷试件的延性系数介于 2.70～4.15 之间，
其中试件 PW-4 的负向位移延性系数与试件 PW-5 的正向位移延性系数均小于 3.0，受灌
浆缺陷的不利影响较大。

各试件破坏点对应的侧移角 θ_u 介于 1/48～1/62 之间，超过了国家标准《建筑抗震设
计规范》GB 50011—2010（2016 年版）^[9-19] 规定的钢筋混凝土剪力墙结构弹塑性层间位
移角限值 1/100。

由表 9-4 可知，现浇混凝土剪力墙试件 CW-0 的位移延性系数高于无灌浆缺陷试件
PW-0，但两者的破坏点位移相差不多。这是由于套筒连接难免会出现滑移，其纵向抗拉
刚度低于钢筋^[9-22]。与无灌浆缺陷试件 PW-0 相比，带灌浆缺陷试件的负向延性系数受灌
浆缺陷的不利影响大于正向，这是由于带灌浆缺陷套筒对核心混凝土的约束作用减弱导致
的。带灌浆缺陷试件的破坏点位移比无灌浆缺陷试件 PW-0 减小了 0%～19%。

9.2.3.4 刚度退化与承载力退化

采用环线刚度来表征预制混凝土剪力墙试件在往复荷载作用下的刚度退化性能，环线
刚度按式（9-1）进行计算。试件环线刚度随位移的变化规律如图 9-19（a）所示。可以看
出，试件刚度退化均匀，表明试件的延性较好。现浇混凝土剪力墙试件 CW-0 的刚度前期
高于、后期低于无灌浆缺陷混凝土剪力墙试件 PW-0。带灌浆缺陷预制混凝土剪力墙试件
PW-2、PW-4、PW-5、PW-6 的刚度较低且退化较快，表明 50%（×8d）及以上的灌浆
缺陷会对预制混凝土剪力墙的刚度产生较大的不利影响。

循环加载作用下同一级位移对应的承载力随循环次数的增加而降低，这一特性可用承
载力退化系数 λ 来表征。根据行业标准《建筑抗震试验规程》JGJ/T 101—2015^[9-17]，λ
定义为同一位移幅值下末次循环的峰值水平荷载与首次循环的峰值水平荷载的比值，按式
（9-2）进行计算。

试件的承载力退化规律如图 9-19（b）所示。各试件前期的承载力退化系数基本在
0.93 以上，承载力退化不明显；当位移大约超过 45mm 之后，随着纵筋的拔出、断裂以

及混凝土的压溃等，承载力退化变得严重。带灌浆缺陷预制混凝土剪力墙试件 PW-6 的承载力退化系数较低，受灌浆缺陷的不利影响较大。

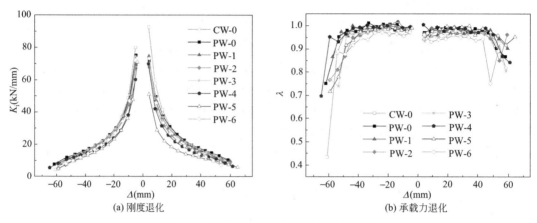

(a) 刚度退化　　　　　　　　　　　(b) 承载力退化

图 9-19　试件刚度退化与承载力退化曲线

9.2.3.5　应变分析

图 9-20 给出了 2 种破坏模式下预制混凝土剪力墙试件最外侧钢筋与套筒应变的典型变化曲线。可以看出，对于发生破坏模式 A 的无灌浆缺陷预制混凝土剪力墙（PW-0），墙底截面下段钢筋的应变（S3）与套筒顶截面上段钢筋的应变（S1）正、负向均超过屈服应变，而套筒中部应变（S2）正、负向均未超过屈服应变。对于发生破坏模式 B 的有灌浆缺陷预制混凝土剪力墙试件（PW-2），墙底截面下段钢筋的应变（S3）与套筒中部应变（S2）的正向均未超过屈服应变，负向均超过屈服应变，而套筒顶截面上段钢筋的应变（S1）正、负向均未超过屈服应变。这表明，由于灌浆缺陷的不利影响，有灌浆缺陷预制混凝土剪力墙试件（PW-2）的最外侧带缺陷套筒连接不能有效传力。尤其是在灌浆缺陷所在侧（S 侧）受拉时，拉力无法从上段钢筋通过套筒连接传递至下段钢筋；在灌浆缺陷所在侧（S 侧）受压时，上段钢筋仍无法传力，压力通过混凝土传递至套筒与下段钢筋。由于带灌浆缺陷套筒连接无法有效传力，在缺陷处形成薄弱环节，损伤集中于此处并不断累积，故破坏最严重区域从墙底转移至套筒连接区域。

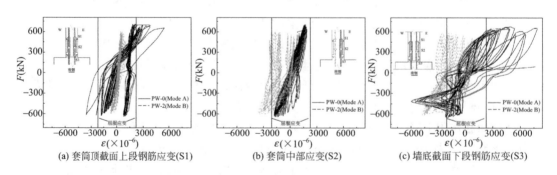

(a) 套筒顶截面上段钢筋应变(S1)　　(b) 套筒中部应变(S2)　　(c) 墙底截面下段钢筋应变(S3)

图 9-20　预制剪力墙水平荷载-应变曲线

9.2.3.6　耗能能力

耗能能力是评价结构抗震性能的一个重要指标。循环加载条件下，试件的耗能能力与滞回环的面积成正比，而累积耗能可反映总耗散能量的增长趋势。等效阻尼比 h_e 也是反映结构耗能能力的重要参数，可按式（9-3）进行计算：

$$h_e = \frac{1}{2\pi} \cdot \frac{S_{ABC} + S_{CDA}}{S_{OBE} + S_{ODF}} \tag{9-3}$$

式中，h_e 为等效阻尼比，$S_{ABC} + S_{CDA}$ 为某一级循环下滞回曲线所包围的面积，$S_{OBE} + S_{ODF}$ 为图 9-21 中三角形 OBE 和 ODF 的面积之和。

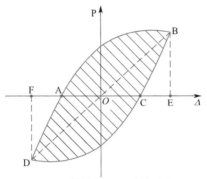

图 9-21　等效阻尼比计算示意图

各试件的累积耗能曲线如图 9-22 所示。可以看出，各试件的累积耗能随位移增加呈抛物线形增长，表明试件具有良好的耗能能力。无灌浆缺陷预制混凝土剪力墙试件 PW-0 的累积总耗能值比现浇混凝土剪力墙试件 CW-0 高 5%。带灌浆缺陷预制混凝土剪力墙试件 PW-1、PW-3 的累积总耗能值比无灌浆缺陷预制混凝土剪力墙试件 PW-0 分别低 5%、1%。带灌浆缺陷预制混凝土剪力墙试件 PW-2、PW-4、PW-5 的累积总耗能值比无灌浆缺陷预制混凝土剪力墙试件低 21%～35%，表明 50%（×8d）及以上的灌浆缺陷会对预制混凝土剪力墙的累积总耗能值产生较大不利影响。

图 9-23 给出了各试件的等效阻尼比变化曲线。可以看出，各试件的等效阻尼比在 0.05～0.20 之间。当位移超过 5mm 之后，各试件等效阻尼比随位移的增大而增大。带灌浆缺陷预制混凝土剪力墙试件 PW-2、PW-5 的等效阻尼比较小，表明较大的灌浆缺陷对等效阻尼比的不利影响较大。

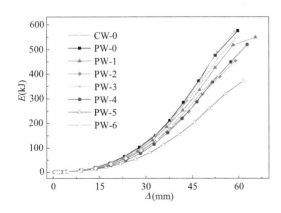

图 9-22　试件累积耗能曲线

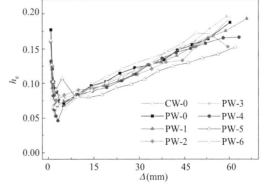

图 9-23　试件等效阻尼比变化曲线

9.3 本章小结

（1）所有预制混凝土柱试件发生了2种受弯破坏模式：柱底截面破坏与套筒顶截面破坏；前者包含5个试件，破坏主要集中于柱底0~100mm高度范围内；后者包含3个试件，破坏主要集中于套筒顶截面附近。所有预制混凝土剪力墙试件发生了2种弯曲破坏模式：墙底截面破坏与套筒连接区域破坏。前者包含5个试件，破坏时剪力墙两角部混凝土被压溃，最外侧纵筋在墙底处断裂；后者包含3个试件，破坏时剪力墙灌浆缺陷所在侧0~300mm高度区域混凝土被压溃，带灌浆缺陷套筒上段钢筋被拔出，另一侧角部混凝土被压溃，最外侧纵筋在墙底处断裂。

（2）无灌浆缺陷预制混凝土柱试件与现浇混凝土柱试件的破坏模式相同，承载力相近，但前者的延性与耗能能力略优。无灌浆缺陷预制混凝土剪力墙试件与现浇混凝土剪力墙试件的破坏模式相同，前者的承载力、耗能能力优于后者，但前者的初始刚度、延性略低于后者，总体达到"等同现浇"的要求。

（3）正向加载受拉侧套筒的灌浆缺陷对预制混凝土柱试件正向承载力的不利影响程度大于负向，而对负向延性的不利影响程度大于正向。灌浆缺陷对预制混凝土柱试件的刚度退化与承载力退化的影响不明显。正向加载受拉侧套筒的灌浆缺陷对预制混凝土剪力墙试件正向承载力的不利影响程度大于负向，而对负向延性的不利影响程度大于正向。灌浆缺陷对预制混凝土剪力墙试件的刚度退化与承载力退化性能均具有不同程度的不利影响。

（4）当灌浆缺陷高度超过全灌浆套筒一侧钢筋锚固长度的33%时，灌浆缺陷将对预制混凝土柱的滞回特性、承载力、延性与耗能能力等均产生明显不利影响。当缺陷高度达到或超过全灌浆套筒一侧钢筋锚固长度的50%时，灌浆缺陷将对预制混凝土剪力墙的滞回特性、承载力、刚度与耗能能力等均产生明显不利影响。

参考文献

[9-1] Ameli M，Parks J，Brown D，et al. Seismic evaluation of grouted splice sleeve connections for reinforced precast concrete column-to-cap beam joints in accelerated bridge construction [J]. PCI Journal，2015，60（2）：80-103.

[9-2] 李锐，郑毅敏，赵勇. 配置500MPa钢筋套筒灌浆连接预制混凝土柱抗震性能试验研究 [J]. 建筑结构学报，2016，37（5）：255-263.

[9-3] Wu M，Liu X，Liu H，et al. Seismic performance of precast short-leg shear wall using a grouting sleeve connection [J]. Engineering Structures，2020，208：110338.

[9-4] Peng Y，Qian J，Wang Y. Cyclic performance of precast concrete shear walls with a mortar – sleeve connection for longitudinal steel bars [J]. Materials and Structures，2016，49（6）：2455-2469.

[9-5] Li J，Fan Q，Lu Z，et al. Experimental study on seismic performance of T-shaped partly precast reinforced concrete shear wall with grouting sleeves [J]. Structural Design of Tall and Special Buildings，2019，28（13）：e1632.

［9-6］　高润东，李向民，许清风．装配整体式混凝土建筑套筒灌浆存在问题与解决策略
［J］．施工技术，2018，47（10）：1-4.

［9-7］　李向民，高润东，许清风，等．灌浆缺陷对钢筋套筒灌浆连接接头强度影响的试验
研究［J］．建筑结构，2018，48（7）：52-56.

［9-8］　Zheng G，Kuang Z，Xiao J，et al. Mechanical performance for defective and re-
paired grouted sleeve connections under uniaxial and cyclic loadings. Construction
and Building Materials，2020，233：117-233.

［9-9］　郑清林，王霓，陶里，等．套筒灌浆缺陷对装配式混凝土柱抗震性能影响的试验研
究［J］．土木工程学报，2018，51（5）：75-83.

［9-10］　肖顺，李向民，许清风，等．套筒灌浆缺陷对预制混凝土柱抗震性能影响的试验
研究［J］．建筑结构学报，DOI：10.14006/j. jzjgxb. 2020.0292，2020.

［9-11］　中华人民共和国住房和城乡建设部．JGJ 1—2014 装配式混凝土结构技术规程
［S］．北京：中国建筑工业出版社，2014.

［9-12］　中华人民共和国住房和城乡建设部．JGJ 355—2015 钢筋套筒灌浆连接应用技术规
程［S］．北京：中国建筑工业出版社，2015.

［9-13］　李向民，高润东，许清风，等．装配整体式混凝土结构套筒不同位置修复灌浆缺
陷的试验研究［J］．建筑结构，2019，49（24）：93-97.

［9-14］　中华人民共和国住房和城乡建设部．GB 50010—2010 混凝土结构设计规范［S］.
北京：中国建筑工业出版社，2015.

［9-15］　中华人民共和国住房和城乡建设部．JG/T 398—2012 钢筋连接用灌浆套筒［S］.
北京：中国标准出版社，2013.

［9-16］　中华人民共和国住房和城乡建设部．JG/T 408—2013 钢筋连接用套筒灌浆料［S］
．北京：中国标准出版社，2013.

［9-17］　中华人民共和国住房和城乡建设部．JGJ/T 101—2015 建筑抗震试验规程［S］.
北京：中国建筑工业出版社，2015.

［9-18］　Park R. Ductility evaluation from laboratory and analytical testing［C］.Proceedings of
the 9th world conference on earthquake engineering，Tokyo-Kyoto，Japan，1988，8：
605-616.

［9-19］　中华人民共和国住房和城乡建设部．GB 50011—2010 建筑抗震设计规范（2016 年
版）［S］．北京：中国建筑工业出版社，2016.

［9-20］　余琼，匡轩，方永青．钢筋套筒灌浆搭接连接的预制框架柱抗震试验［J］．同济
大学学报（自然科学版），2019，47（1）：18-28，37.

［9-21］　Xiao X，Wang Z，Li X，et al. Study of effects of sleeve grouting defects on the
seismic performance of precast concrete shear walls［J］.Engineering Structures，
2021，236：111833.

［9-22］　李骥天．装配式结构中半灌浆套筒钢筋连接的本构关系研究［D］．重庆：重庆大
学，2016.

10

套筒灌浆缺陷修复注射补灌技术研究

课题组前期研发了预埋钢丝拉拔法[10-1]，即灌浆前在套筒出浆孔预埋光圆高强不锈钢钢丝，灌浆结束后自然养护 3d，对预埋钢丝进行拉拔，通过拉拔荷载值来判定灌浆饱满性；必要时可利用预埋钢丝拉拔后留下的孔道，通过内窥镜进行校核。本章针对预埋钢丝拉拔法检测灌浆不饱满套筒如何进行扩孔注射补灌做了研究。

实际工程中进行套筒灌浆时，常出现套筒出浆孔不出浆或套筒内浆体回流情况。对于套筒出浆孔不出浆情况，出浆孔管道内没有浆体，方便后续注射补灌。对于套筒内浆体回流情况，由于套筒出浆孔管道呈水平状态，往往存留一定量的浆体，浆体硬化后，可通过钻孔内窥镜法[10-2]检测套筒内灌浆缺陷深度，且钻孔后的出浆孔管道直径可恢复到灌浆前的直径，从而为后续注射补灌创造了条件。本章针对以上套筒出浆孔不出浆或套筒内浆体回流情况，进一步研究了从不同位置修复灌浆缺陷的方法，最终形成了钻孔注射补灌工法。

10.1 基于预埋钢丝拉拔法检测结果的灌浆缺陷修复补灌技术研究

10.1.1 预埋钢丝拉拔法检测套筒灌浆饱满性

10.1.1.1 试验材料

钢筋强度等级为 HRB400 级，直径为 25mm，屈服强度为 437.6MPa，抗拉强度为 622.9MPa，断后伸长率为 30.1%，最大力下总伸长率为 18.5%，钢筋在套筒内的锚固长度均控制为 8d（d 为钢筋直径）。套筒为全灌浆套筒，型号为 GTZQ4-25。采用与套筒配套的灌浆料，拌合时水灰比为 0.14，初次灌浆预留的伴随试件在标准养护条件下 28d 抗压强度为 101.7MPa。

为模拟工程实际情况，将套筒预埋在混凝土中，混凝土设计强度等级为 C40，试件尺寸为 100mm（宽度，取单位宽度）×200mm（厚度，同常用预制剪力墙厚度）×460mm（高度，同套筒高度），套筒在混凝土中居中布置，套筒灌浆孔和出浆孔外接 PVC 管，PVC 管水平伸至试件表面。

10.1.1.2 预埋钢丝、灌浆、放浆

首先，将各试件竖直放置并固定；然后，在套筒出浆孔插入带橡胶塞的钢丝，暂不封堵，从灌浆孔实施灌浆，当出浆孔有浆体流出时，通过钢丝自带橡胶塞封堵；最后在灌浆孔实施放浆，从而在出浆孔附近的套筒内部形成不同程度的灌浆饱满性缺陷。放浆高度通过计算并用带刻度量筒实现，每种放浆高度对应 3 个试件。设计放浆高度（相对套筒出浆孔下沿）为 0mm（不放浆对比试件，编号 1～3）、20mm（编号 4～6）、40mm（编号 7～9）、60mm（编号 10～12）、80mm（编号 13～15）；实际放浆高度以带测距镜头的内窥镜实测为准。预埋钢丝、灌浆、放浆后的试件如图 10-1 所示。

图 10-1　预埋钢丝、灌浆、放浆后的试件　　　　图 10-2　在套筒出浆孔管道扩孔

10.1.1.3 预埋钢丝拉拔

预埋钢丝、灌浆、放浆后自然养护 3d，根据上海市工程建设规范《装配整体式混凝土建筑检测技术标准》DG/TJ08-2252—2018[10-3]，对各套筒出浆孔预埋的钢丝实施拉拔并对检测结果进行判定。1～15 号属于同一批测点，拉拔值中的 3 个最大值分别为 2.3kN、3.5kN、2.6kN，3 个最大值的平均值为 2.8kN，平均值的 60％为 1.68kN，平均值的 40％为 1.12kN。检测结果如表 10-1 所列。

预埋钢丝拉拔法检测结果　　　　　　　　　　　　　　表 10-1

编号	1	2	3	4	5	6	7	8	9	10	11	12	13	14	15
拉拔值（kN）	2.3	3.5	2.6	0.7	0.9	1.1	0.2	1.0	1.0	0.5	0.4	0.5	0.4	0.2	0.4
相对平均值的范围	>60%且>1.5kN	>60%且>1.5kN	>60%且>1.5kN	<40%	<40%	<40%	<40%	<40%	<40%	<40%	<40%	<40%	<40%	<40%	<40%
判定结果	饱满	饱满	饱满	不饱满	不饱满	不饱满	不饱满	不饱满	不饱满	不饱满	不饱满	不饱满	不饱满	不饱满	不饱满

10.1.2 扩孔注射补灌

10.1.2.1 扩孔

灌浆、放浆后自然养护 28d，用冲击钻配实心螺旋式钻头在套筒出浆孔管道扩孔（图 10-2），钻头的外径不超过套筒出浆孔管道的内径且不小于 10mm，钻头的有效工作长度不小于试件表面出浆孔到套筒内壁（较远一侧）的距离。钻头行进路线始终与套筒出浆孔管道方向保持一致，确保螺旋式钻头行进过程中杂质向相反方向排出，当钻头碰到套筒内部钢筋、发出异样的钢-钢接触声音时，停止扩孔。扩孔后，用毛刷将套筒出浆孔管道内的杂质由内向外清理干净。

10.1.2.2 内窥镜观测灌浆缺陷深度

在套筒出浆孔管道扩孔后，对于灌浆饱满的 1～3 号套筒，用仅带前视镜头的 Avanline ϕ3.9mm 型内窥镜校核灌浆饱满程度；对于灌浆不饱满的 4～6 号套筒，同时用仅带前视镜头的 Avanline ϕ3.9mm 型内窥镜和带侧视镜头及测距功能的 GE Mentor Visual IQ ϕ4.0mm 型内窥镜校核并观测灌浆缺陷深度；对于灌浆不饱满的 7～15 号套筒，用带侧视镜头及测距功能的 GE Mentor Visual IQ ϕ4.0mm 型内窥镜观测灌浆缺陷深度。内窥镜观测结果如图 10-3 所示。

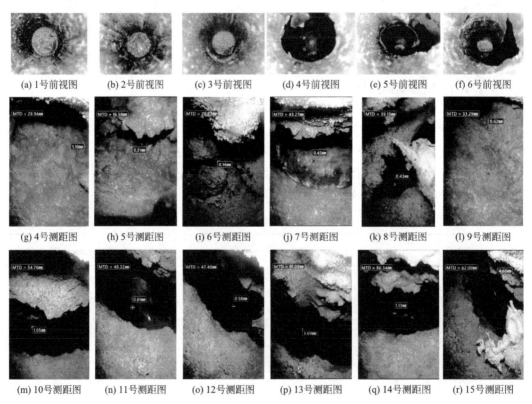

(a) 1号前视图　(b) 2号前视图　(c) 3号前视图　(d) 4号前视图　(e) 5号前视图　(f) 6号前视图

(g) 4号测距图　(h) 5号测距图　(i) 6号测距图　(j) 7号测距图　(k) 8号测距图　(l) 9号测距图

(m) 10号测距图　(n) 11号测距图　(o) 12号测距图　(p) 13号测距图　(q) 14号测距图　(r) 15号测距图

图 10-3　内窥镜观测结果

由图 10-3 可见，1～3 号套筒灌浆饱满；4～6 号套筒灌浆缺陷深度分别为 28.94mm、16.58mm、20.23mm，平均值为 21.92mm；7～9 号套筒灌浆缺陷深度分别为 43.27mm、

39.15mm、33.29mm，平均值为 38.57mm；10～12 号套筒灌浆缺陷深度分别为 54.76mm、48.32mm、47.40mm，平均值为 50.16mm；13～15 号套筒灌浆缺陷深度分别为 91.05mm、86.34mm、62.08mm，平均值为 79.82mm。

10.1.2.3 注射补灌

注射补灌用灌浆料及其水灰比均与初灌灌浆料相同，注射补灌预留伴随试件在标准养护条件下 28d 抗压强度为 109.8MPa。

用注射器外接透明软管（图 10-4）进行注射补灌，扩孔孔道内径与透明软管外径之差不小于 4mm，透明软管有效工作长度不小于试件表面出浆孔到套筒内壁（较远一侧）的距离。具体注射补灌步骤如下：①将注射器活塞拔出，用手指堵住透明软管出口，将拌合好的灌浆料浆体倒入注射器中（图 10-5），倒入量达到注射器容积的 85% 时停止倒浆，重新将注射器活塞放入。②快速将与注射器相连的透明软管放入扩孔孔道中，直至透明软管端头接近套筒内钢筋表面位置。③缓慢推动注射器活塞进行注浆（图 10-6）。如果一次注射浆料不足，可重复步骤①～③。④注射补灌至出浆孔出浆时，继续边注射边拔出注射器，同时用橡胶塞封堵出浆孔。每个套筒的补灌量可根据内窥镜观测的灌浆缺陷深度并考虑出浆孔管道长度进行估算得到。

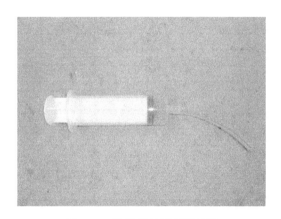

图 10-4　注射器外接透明软管

图 10-5　将灌浆料浆体倒入注射器

图 10-6　注射补灌

10.1.3 补灌后单向拉伸试验

各试件注射补灌后自然养护28d进行单向拉伸试验，测试试件的屈服强度、抗拉强度及破坏模式，补灌后单向拉伸试验结果如表10-2所列，各试件破坏模式如图10-7所示。由表10-2和图10-7可见，各试件的屈服强度、抗拉强度及破坏模式均满足行业标准《钢筋套筒灌浆连接应用技术规程》JGJ 355—2015[10-4]的要求。单向拉伸试验后，选择1号、9号、10号、12号、13号试件，先对混凝土破型取出套筒，再对套筒破型验证注射补灌的效果，如图10-8所示。由图10-8可见，1号套筒为灌浆饱满试件未进行注射补灌，破型后显示灌浆料颜色一致，且灌浆饱满密实；9号、10号、12号、13号套筒为灌浆不饱满试件进行了注射补灌，破型后显示由于龄期不同导致补灌灌浆料和原灌浆料颜色略有差别，分界线（图中虚线标识处）较为清晰，但补灌部分和原灌浆部分一样饱满密实。

单向拉伸试验结果　　　　　　　　　　表 10-2

试件编号	屈服强度(kN)	抗拉强度(kN)	破坏模式
1	429.3	620.2	断上钢筋
2	435.5	623.9	断下钢筋
3	429.1	620.5	断上钢筋
4	434.1	622.8	断上钢筋
5	436.8	623.1	断上钢筋
6	430.2	620.3	断上钢筋
7	434.6	624.5	断下钢筋
8	439.3	625.7	断上钢筋
9	438.5	623.3	断下钢筋
10	437.2	624.2	断上钢筋
11	432.9	622.9	断下钢筋
12	446.6	624.7	断上钢筋
13	445.5	624.8	断上钢筋
14	439.0	624.3	断上钢筋
15	444.8	626.1	断上钢筋

注："断上钢筋"表示断于接头外上段钢筋，"断下钢筋"表示断于接头外下段钢筋。下同。

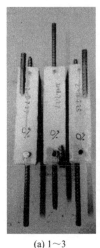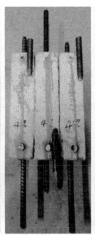

(a) 1～3　　(b) 4～6　　(c) 7～9　　(d) 10～12　　(e) 13～15

图 10-7　试件破坏模式

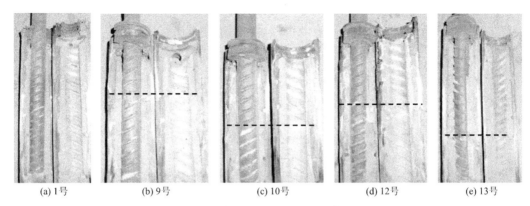

| (a) 1号 | (b) 9号 | (c) 10号 | (d) 12号 | (e) 13号 |

图 10-8　套筒破型验证注射补灌效果

10.2　基于套筒不同位置修复灌浆缺陷的试验研究

10.2.1　套筒接头试件设计

10.2.1.1　试验材料

钢筋强度等级为 HRB400E，采用 12mm、16mm、28mm 三种直径，基本力学性能指标如表 10-3 所列。套筒为全灌浆套筒，与钢筋直径对应，采用 GTZQ4-12、GTZQ4-16、GTZQ4-28 三种型号，基本性能满足行业标准《钢筋连接用灌浆套筒》JG/T 398—2012[10-5] 的要求。灌浆料与套筒配套，属超高强无收缩材料，具有早强、高强、高流态、微膨胀等特点，基本性能满足行业标准《钢筋连接用套筒灌浆料》JG/T 408—2013[10-6] 的要求。初次灌浆和补灌时，灌浆料浆体性能如表 10-4 所列。

钢筋基本力学性能　　　　　　　　　　　　　　　　　　　表 10-3

钢筋直径(mm)	屈服强度(MPa)	抗拉强度(MPa)	断后伸长率(%)
12	441.3	617.5	25.0
16	425.0	633.1	23.3
28	434.4	623.3	30.3

灌浆料浆体性能　　　　　　　　　　　　　　　　　　　表 10-4

时段	水灰比	初始流动度(mm)	30min 后流动度(mm)	标准养护条件下 28d 抗压强度(MPa)
初灌	0.14	340	295	112.0
补灌	0.14	337	290	112.7

10.2.1.2　灌浆缺陷设计

统一设套筒内上段钢筋锚固长度为 $8d$，每种型号套筒接头试件考虑 4 种灌浆缺陷，缺陷长度分别占套筒内上段钢筋锚固长度 $8d$ 的 0（无缺陷）、1/3、2/3、1 倍，每种型号套筒接头试件的每种缺陷均成型 1 组 3 个相同的试件。具体灌浆缺陷设计如表 10-5 所列，表中编号的含义为，以 "12-1/3-1" 为例，"12" 代表钢筋直径，"1/3" 代表缺陷长度占套筒内上段钢筋锚固长度 8d 的 1/3，"1"代表该组 3 个试件中的第 1 个。所有灌浆缺陷均与套筒出浆孔连通（图 10-9），可有效模拟套筒出浆孔不出浆情况，以及套筒内浆体回流但通过钻孔实现套筒内缺陷与出浆孔连通情况。

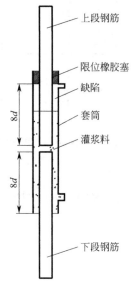

图 10-9 套筒接头试件构造图

10.2.1.3 补灌方式

采用两种补灌方式，表 10-5 中编号不带 P 的表示直接在套筒出浆孔补灌，并同时由该出浆孔出浆；编号带 P 的则表示在套筒灌浆孔和出浆孔连线上灌浆料液面到达位置的附近钻孔补灌，由相应套筒出浆孔出浆。

灌浆缺陷设计   表 10-5

编号	设计缺陷长度(mm)	编号	设计缺陷长度(mm)	编号	设计缺陷长度(mm)	编号	设计缺陷长度(mm)
12-0-1、2、3	0.0	16-0-1、2、3	0.0	28-0-1、2、3	0.0	16P-0-1、2、3	0.0
12-1/3-1、2、3	32.0	16-1/3-1、2、3	42.7	28-1/3-1、2、3	74.7	16P-1/3-1、2、3	42.7
12-2/3-1、2、3	64.0	16-2/3-1、2、3	85.3	28-2/3-1、2、3	149.3	16P-2/3-1、2、3	85.3
12-1-1、2、3	96.0	16-1-1、2、3	128.0	28-1-1、2、3	228.0	16P-1-1、2、3	128.0

10.2.2 初次灌浆

基于灌浆缺陷设计和套筒内部构造，计算每个套筒的实际灌浆质量，然后进行精确称量并实施灌浆。为防止竖向灌浆封堵不及时造成灌浆料流失，采取水平灌浆并封堵然后再竖起的方式实施灌浆。初次灌浆后的套筒接头试件如图 10-10 所示。

10.2.3 补灌

初次灌浆后自然养护 28d，针对所有存在灌浆缺陷的套筒试件，编号中不带 P 的，直

图 10-10　初次灌浆后的套筒接头试件

接通过套筒出浆孔补灌；编号中带 P 的，则在套筒内灌浆料液面到达位置的附近钻孔补灌。

　　通过套筒出浆孔补灌时，将注射器外接的透明软管通过出浆孔管道伸入套筒内部与灌浆缺陷连通，然后通过注射器注射补灌，直至出浆孔出浆（图 10-11）。出浆孔管道内径与注射器外接透明软管外径之差不小于 4mm，便于气体排出，透明软管的长度不小于预制构件表面出浆孔位置到套筒内壁（较远一侧）的距离。

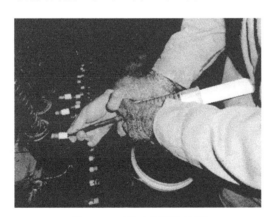

图 10-11　通过出浆孔补灌

　　通过在套筒内灌浆料液面到达位置的附近钻孔补灌时，首先用内窥镜校核灌浆料液面到达位置[图 10-12(a)]；然后在套筒灌浆孔和出浆孔连线上灌浆料液面到达的位置向上偏离约 10mm 处钻孔[图 10-12(b)]，钻孔直径不应超过 12mm。钻孔时，先用冲击钻配实心螺旋式钻头钻至套筒表面，再改用手电钻配空心圆柱形钻头钻透套筒壁，与套筒内灌浆缺陷连通；最后在该钻孔处通过注射器注射补灌，直至套筒出浆孔出浆（图 10-13），要求注射器外接透明软管外径与钻孔直径大致相同。在实际工程中，可以通过钢筋探测仪探测确定套筒的具体位置。

10.2.4　补灌后单向拉伸试验

　　补灌后自然养护 28d，根据行业标准《钢筋套筒灌浆连接应用技术规程》JGJ 355—

2015[10-4]，对套筒接头试件实施单向拉伸试验（图 10-14），测试屈服强度、抗拉强度、残余变形、最大力下总伸长率和破坏模式。根据行业标准《钢筋套筒灌浆连接应用技术规程》JGJ 355—2015[10-4] 的规定，单向拉伸时，每个钢筋套筒灌浆连接接头的屈服强度不应小于连接钢筋屈服强度标准值（本研究所用钢筋屈服强度标准值为 400MPa）；每个钢筋套筒灌浆连接接头的抗拉强度不应小于连接钢筋抗拉强度标准值（本研究所用钢筋抗拉强度标准值为 540MPa），且破坏时应断于接头外钢筋；当钢筋直径不超过 32mm 时，3个试件的残余变形实测平均值不应超过 0.1mm；3 个试件的最大力下总伸长率实测平均值不应小于 6.0%。

 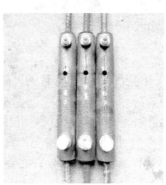

(a) 内窥镜校核　　　　　　　　　　　　(b) 钻孔后试件

图 10-12　通过内窥镜校核并钻孔

图 10-13　通过钻孔补灌　　　　　　　　　图 10-14　单向拉伸试验

10.2.4.1　出浆孔补灌接头试件试验结果与分析

通过套筒出浆孔补灌的接头试件的试验结果如表 10-6 所列，相应接头试件的破坏模式如图 10-15 所示。由表 10-6 和图 10-15 可见，对于 12mm、16mm、28mm 直径钢筋套筒灌浆连接接头，当设置缺陷长度分别占套筒内上段钢筋锚固长度 $8d$ 的 0（无缺陷）、1/3、2/3、1 倍时，通过套筒出浆孔补灌后，接头试件的单向拉伸性能均符合标准要求，选择 12-0-1、12-2/3-3、16-2/3-1、16-1-2、28-1/3-2、28-1-1 试件破型（图 10-16），结果显示 12-0-1 试件初次灌浆即饱满密实，与实际情况吻合；其他试件补灌后饱满密实，且补灌与初次灌浆界面（图中虚线标识处）较清晰，实测 12-2/3-3、16-2/3-1、16-1-2、28-1/3-2、28-1-1 试件的补灌段长度分别为 59.0mm、73.0mm、125.0mm、76.0mm、228.0mm，与各试件灌浆缺陷设计长度基本吻合。

接头试件试验结果

表10-6

编号	屈服强度(MPa)	抗拉强度(MPa)	残余变形(mm) 实测值	残余变形(mm) 平均值	最大力下总伸长率(%) 实测值	最大力下总伸长率(%) 平均值	破坏模式
12-0-1	442.3	585.4	0.04		16.3		断下
12-0-2	424.6	596.1	0.01	0.03	17.3	16.0	断上
12-0-3	433.5	592.2	0.04		14.3		断下
12-1/3-1	435.2	592.9	0.03		17.3		断上
12-1/3-2	432.6	592.5	0.08	0.05	15.3	16.6	断上
12-1/3-3	433.5	592.4	0.03		17.3		断上
12-2/3-1	433.5	593.2	0.03		15.3		断下
12-2/3-2	424.6	596.3	0.02	0.05	14.3	15.0	断上
12-2/3-3	441.4	595.2	0.09		15.3		断上
12-1-1	430.8	594.8	0.02		15.3		断上
12-1-2	431.7	592.5	0.09	0.05	17.3	16.3	断上
12-1-3	443.2	592.7	0.05		16.3		断上
28-0-1	438.9	610.6	0.06		13.3		断上
28-0-2	446.5	621.9	0.07	0.07	11.3	12.6	断上
28-0-3	441.5	610.9	0.09		13.3		断上
28-1/3-1	436.3	608.7	0.01		12.3		断上
28-1/3-2	442.1	612.3	0.03	0.02	11.3	15.0	断下
28-1/3-3	440.8	611.7	0.01		21.3		断下
28-2/3-1	439.2	608.6	0.06		12.3		断下
28-2/3-2	438.7	608.3	0.05	0.05	12.3	13.6	断上
28-2/3-3	435.6	607.8	0.03		16.3		断上
28-1-1	442.1	609.8	0.01		15.3		断上
28-1-2	451.4	623.8	0.08	0.05	13.3	15.0	断下
28-1-3	448.8	616.0	0.05		16.3		断下
16-0-1	419.0	607.2	0.09		12.3		断上
16-0-2	417.5	606.4	0.06	0.07	16.3	13.0	断上
16-0-3	417.0	608.5	0.06		10.3		断下
16-1/3-1	414.5	607.6	0.06		12.3		断上
16-1/3-2	424.0	607.0	0.05	0.06	15.3	14.0	断上
16-1/3-3	422.0	605.5	0.08		14.3		断上
16-2/3-1	421.5	608.1	0.03		13.3		断上
16-2/3-2	421.0	614.1	0.11	0.08	15.3	15.0	断上
16-2/3-3	414.0	602.9	0.10		16.3		断上
16-1-1	427.4	618.3	0.02		16.3		断上
16-1-2	424.0	616.8	0.12	0.08	16.3	15.3	断上
16-1-3	421.5	606.9	0.09		13.3		断上
16P-0-1	416.0	602.7	0.06		14.3		断下
16P-0-2	427.0	607.1	0.03	0.06	13.3	14.3	断上
16P-0-3	413.5	602.6	0.08		15.3		断上
16P-1/3-1	422.5	607.4	0.08		18.3		断下
16P-1/3-2	426.5	608.1	0.05	0.06	11.3	15.0	断下
16P-1/3-3	417.5	602.8	0.06		15.3		断下
16P-2/3-1	424.5	606.9	0.12		11.3		断下
16P-2/3-2	427.9	617.2	0.08	0.09	19.3	15.3	断下
16P-2/3-3	414.0	600.9	0.08		15.3		断下
16P-1-1	427.4	616.0	0.04		14.3		断上
16P-1-2	419.0	606.4	0.04	0.05	12.3	15.0	断上
16P-1-3	423.0	606.3	0.06		18.3		断上

注："断上"表示断于接头外上段钢筋，"断下"表示断于接头外下段钢筋。

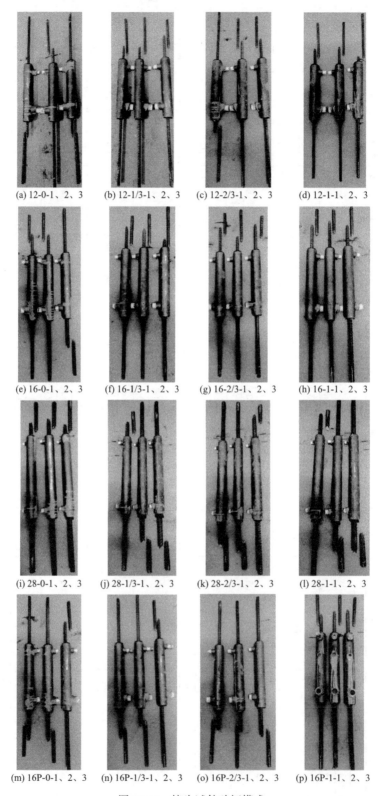

(a) 12-0-1、2、3　　(b) 12-1/3-1、2、3　　(c) 12-2/3-1、2、3　　(d) 12-1-1、2、3

(e) 16-0-1、2、3　　(f) 16-1/3-1、2、3　　(g) 16-2/3-1、2、3　　(h) 16-1-1、2、3

(i) 28-0-1、2、3　　(j) 28-1/3-1、2、3　　(k) 28-2/3-1、2、3　　(l) 28-1-1、2、3

(m) 16P-0-1、2、3　　(n) 16P-1/3-1、2、3　　(o) 16P-2/3-1、2、3　　(p) 16P-1-1、2、3

图 10-15　接头试件破坏模式

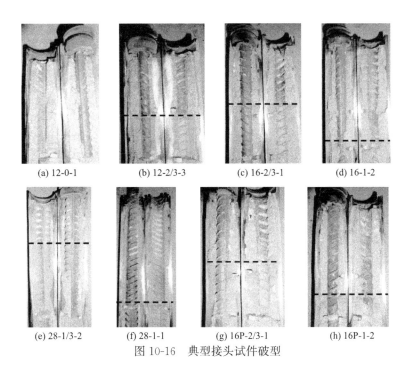

| (a) 12-0-1 | (b) 12-2/3-3 | (c) 16-2/3-1 | (d) 16-1-2 |

| (e) 28-1/3-2 | (f) 28-1-1 | (g) 16P-2/3-1 | (h) 16P-1-2 |

图 10-16　典型接头试件破型

10. 2. 4. 2　其他位置钻孔补灌接头试件试验结果与分析

通过在套筒灌浆料界面附近钻孔补灌的接头试件的试验结果也列入表 10-6，相应接头试件的破坏模式也如图 10-15 所示。由表 10-6 和图 10-15 可见，对于 16mm 直径钢筋套筒灌浆连接接头，当设置缺陷长度分别占套筒内上段钢筋锚固长度 $8d$ 的 0（无缺陷）、1/3、2/3、1 倍时，通过在套筒内灌浆料界面附近钻孔补灌后，接头试件的单向拉伸性能均符合标准要求，选择 16P-2/3-1、16P-1-2 试件破型（图 10-16），发现补灌后饱满密实，且补灌与初次灌浆界面（图中虚线标识处）较清晰，实测 16P-2/3-1、16P-1-2 试件的补灌段长度分别为 69.0mm、127.0mm，与灌浆缺陷设计长度吻合较好。

10. 2. 5　高应力反复拉压试验和大变形反复拉压试验

选择 20mm 直径的钢筋接头进行单向拉伸试验、高应力反复拉压试验和大变形反复拉压试验，包括出浆孔补灌和其他位置钻孔两种工况。其中，出浆孔补灌是在缺陷长度占套筒内上段钢筋锚固长度 $8d$ 的 1/3 情况下进行的；其他位置钻孔是在套筒中部钻孔，钻孔直径为 12mm，是在套筒灌浆饱满的情况下进行的。试验结果如表 10-7 所列，破坏模

高应力反复拉压试验和大变形反复拉压试验结果　　　　　　表 10-7

工况	单向拉伸试验					高应力反复拉压试验			大变形反复拉压试验			
	屈服强度（MPa）	抗拉强度（MPa）	残余变形（mm）	最大力下总伸长率(%)	破坏形态	抗拉强度（MPa）	残余变形（mm）	破坏形态	抗拉强度（MPa）	残余变形（mm）		破坏形态
	$\geqslant$400 MPa	$\geqslant$540 MPa	$u\leqslant$0.1 mm	A_{tg} $\geqslant$6.0%		$\geqslant$540 MPa	u_{20} $\leqslant$0.3mm		$\geqslant$540 MPa	$u_4\leqslant$ 0.3mm	$u_8\leqslant$ 0.6mm	
补灌	418.0	611.0	0.056	10.0	断下钢筋	622.0	0.141	未破坏停止	622.0	0.070	0.120	未破坏停止

续表

工况	单向拉伸试验					高应力反复拉压试验			大变形反复拉压试验			
	屈服强度 (MPa)	抗拉强度 (MPa)	残余变形 (mm)	最大力下总伸长率(%)	破坏形态	抗拉强度 (MPa)	残余变形 (mm)	破坏形态	抗拉强度 (MPa)	残余变形 (mm)		破坏形态
	≥400 MPa	≥540 MPa	u≤0.1 mm	A_{tg} ≥6.0%		≥540 MPa	u_{20} ≤0.3mm		≥540 MPa	u_4≤ 0.3mm	u_8≤ 0.6mm	
补灌	419.0	612.0	0.032	11.0	断下钢筋	621.0	0.160	未破坏停止	622.0	0.009	0.056	未破坏停止
	420.0	613.0	0.025	14.5	断上钢筋	622.0	0.076	未破坏停止	623.0	0.009	0.066	未破坏停止
钻孔	421.0	613.0	0.041	17.0	断下钢筋	623.0	0.064	未破坏停止	622.0	0.006	0.054	未破坏停止
	428.0	617.0	0.032	17.0	断上钢筋	622.0	0.045	未破坏停止	626.0	0.012	0.030	未破坏停止
	420.0	612.0	0.048	13.5	断上钢筋	623.0	0.089	未破坏停止	625.0	0.002	0.048	未破坏停止

注:"未破坏停止"指钢筋已达到抗拉强度标准值 540MPa 的 1.15 倍(621MPa),接头未发生破坏,应判为抗拉强度合格,可停止试验[10-4]。

式如图 10-17 所示。可见,无论是出浆孔补灌情况还是其他位置钻孔情况,接头单向拉伸、高应力反复拉压和大变形反复拉压试验结果满足标准要求[10-4]。

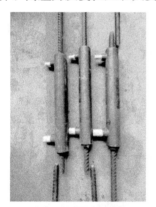

(a) 出浆孔补灌单向拉伸情况

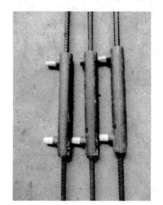

(b) 出浆孔补灌高应力反复拉压情况

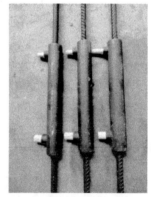

(c) 出浆孔补灌大变形反复拉压情况

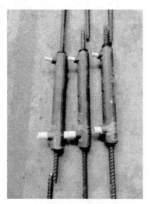

(d) 钻孔补灌单向拉伸情况

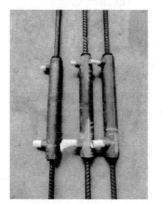

(e) 钻孔补灌高应力反复拉压情况

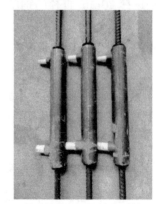

(f) 钻孔补灌大变形反复拉压情况

图 10-17 高应力反复拉压试验和大变形反复拉压试验接头破坏形态

10.3　钻孔内窥镜检测和注射补灌修复套筒灌浆缺陷施工工法

目前，我国已建和在建的装配式混凝土结构以剪力墙结构和框架结构为主，这两种结构型式的竖向连接大多采用套筒灌浆连接。套筒灌浆连接一般通过分仓连通腔灌浆，由于灌浆持压不充分、灌浆孔封堵不及时、连通腔漏浆等原因，导致套筒内浆体发生不同程度回流，从而导致套筒灌浆不饱满的现象发生。另外，由于套筒内部堵塞或钢筋偏置影响，也会存在套筒出浆孔不出浆的情况。

上海市建筑科学研究院有限公司研发了"钻孔注射补灌技术"[10-7,10-8]，可有效修复套筒灌浆缺陷，该方法已获得国家发明专利（针对套筒灌浆缺陷的钻孔注射补灌方法，授权号：ZI201811053777.9）[10-9]，并形成了具体的施工工法。该工法简单易行，修复效果很好，具有良好的经济、社会和环境效益。

10.3.1　工法特点

（1）确保质量

对于存在灌浆缺陷的套筒，通过钻孔注射补灌，能够确保补灌饱满，从而有效修复灌浆缺陷，最终实现套筒连接接头性能提升。

（2）简单易行

施工现场所需人工少，且技术容易掌握。

（3）成本低廉

钻孔注射补灌所用设备均为常规设备，价格低廉。

10.3.2　适用范围

装配式混凝土结构竖向受力构件中的钢筋套筒灌浆连接部位，包括全灌浆套筒连接部位和半灌浆套筒连接部位。

10.3.3　工艺原理

通过在套筒出浆孔钻孔，形成内窥镜观测通道；将带测量镜头的内窥镜探头沿钻孔孔道下沿水平伸入套筒内部观测是否存在灌浆缺陷。如果存在灌浆缺陷，则通过注射器外接透明软管进行注射补灌，补灌时，透明软管沿钻孔孔道伸入套筒内部，钻孔孔道内径与透明软管外径之差不小于 4mm，以便补灌时套筒内部的气体能够有效排出，注射过程中，注射器内灌浆料液面最低位置应始终高于套筒，确保补灌饱满密实。

10.3.4　施工工艺流程及操作要点

10.3.4.1　施工工艺流程

钻孔注射补灌修复套筒灌浆缺陷施工工艺流程如图 10-18 所示。

10.3.4.2　操作要点

（1）钻孔

钻孔所用钻孔机的参数要求为：采用实心螺旋式钻头或空心圆柱形钻头；钻头外径不

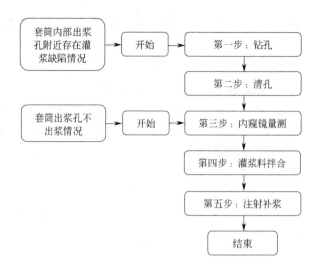

图 10-18　施工工艺流程图

超过套筒出浆孔管道的内径；钻头有效工作长度不小于构件表面出浆孔到套筒内钢筋的距离。

钻孔包括以下步骤：

a. 将钻孔机钻头对准预制构件表面套筒出浆孔；

b. 开启钻孔机，钻头行进路线始终与出浆孔管道保持一致；

c. 当钻头碰到套筒内部钢筋时，发出异样的钢-钢接触声音，停止钻孔。

（2）清孔

清孔所用真空吸尘器的参数要求为：采用涡轮增压电机，转速不低于 2000 转/min；钻孔孔道内径与真空吸尘器吸嘴外径之差不小于 4mm；真空吸尘器吸嘴有效工作长度不小于构件表面出浆孔到套筒内钢筋的距离。

清孔包括以下步骤：

a. 将真空吸尘器吸嘴伸入钻孔孔道，直至吸嘴端头接近套筒内钢筋表面位置；

b. 开启电机，连续吸尘 3min，将套筒内的杂质吸出；

c. 3min 后，再由内到外缓慢移动真空吸尘器吸嘴，将残留在钻孔孔道壁上的杂质吸出。

（3）内窥镜量测

内窥镜量测所用内窥镜的参数要求为：内窥镜探头直径宜为 3.5～7.0mm，探头连线长度不小于构件表面出浆孔到套筒内钢筋的距离；内窥镜可对灌浆缺陷进行成像并测量灌浆缺陷的深度。

内窥镜量测包括以下步骤：

a. 将带测量镜头的内窥镜探头沿钻孔孔道下沿水平伸入套筒内部，直至探头接近套筒内钢筋表面位置；

b. 开启内窥镜，对灌浆缺陷进行成像并测量灌浆缺陷的深度；

c. 根据灌浆缺陷深度估算灌浆缺陷体积。

（4）灌浆料拌合

所述灌浆料拌合所用灌浆料的参数要求为：与原灌浆料保持一致；水灰比可适当提高，但不得超过灌浆料产品要求的上限。

灌浆料拌合包括以下步骤：

a. 根据施工工艺要求和各灌浆缺陷体积估算灌浆料用量；

b. 称取灌浆料和水，精确至5g；

c. 按标准规定的拌合工艺要求拌合灌浆料。

（5）注射补浆

注射补浆所用的注射器及其外接透明软管的参数要求为：注射器容积不小于150ml；注射口内径不小于5mm、长度不小于10mm；透明软管内径不小于8mm，钻孔孔道内径与透明软管外径之差不小于4mm，透明软管长度不小于构件表面出浆孔到套筒内钢筋的距离。

注射补浆包括以下步骤：

a. 将透明软管与注射器注射口相连，确保连接紧固；

b. 将注射器活塞拔出，用手指堵住透明软管出口，将拌合好的灌浆料浆体倒入注射器中，倒入量超过注射器容积的85%时停止倒浆，重新将注射器活塞放入；

c. 快速将与注射器相连的透明软管放入钻孔孔道中，直至透明软管端头接近套筒内钢筋表面位置；

d. 缓慢推动注射器活塞进行注浆，在这个过程中，如果灌浆料不足，可重复步骤b、步骤c；

e. 注射补浆至构件表面出浆孔出浆时，继续边注射边拔出注射器，同时用塞子封堵构件表面出浆孔；注射过程中，注射器内灌浆料液面最低位置应始终高于套筒出浆孔。

f. 所有注射补浆完成后应及时清洗注射器及透明软管。

说明：如果属于通过目测法直接观测套筒出浆孔不出浆情况，可直接执行第（3）～（5）步；如果属于通过钻孔内窥镜法检测到套筒内部出浆孔附近存在灌浆缺陷情况，需执行第（1）～（5）步。

10.3.4.3 施工组织

施工组织所需人员情况如表10-8所列。

施工组织所需人员情况   表10-8

序号	工作	所需人数	备注
1	钻孔	1	—
2	检测	1	—
3	搅拌灌浆料	1	—
4	注射补灌	1	—

具体施工顺序为：钻孔→检测→搅拌灌浆料→注射补灌。

10.3.4.4 特别说明

以上主要是针对套筒出浆孔进行钻孔内窥镜检测和注射补灌，当套筒出浆孔外接弯管或斜管，不具备钻孔条件时，可在套筒筒壁合适位置处钻孔检测套筒灌浆饱满性。具体操作时，可先用普通实心螺旋式钻头钻透混凝土保护层，钻至套筒表面，再用金刚石砂空心圆柱形钻头钻透套筒，钻至套筒内钢筋位置。钻孔直径不应超过12mm，大量试验表明，满足以上直径要求的钻孔不影响接头的受力性能。由于套筒灌浆饱满性是基于灌浆料界面相对出浆孔位置作出的规定，因此当选择在套筒筒壁钻孔，所成孔一般位于出浆孔下方，伸入内窥镜观测时，既要向下观测，又要向上观测，才能综合判断是否存在灌浆缺陷。由于实际工程中灌浆缺陷大多位于套筒上部，建议尽量靠近出浆孔下方钻孔，如果距离出浆孔太远，检测钻孔处灌浆饱满，但钻孔处上方靠近出浆孔的位置灌浆可能不饱满从而导致误判，因此应慎重确定钻孔位置。在套筒筒壁上靠近出浆孔下方钻孔检测套筒灌浆不饱满，补灌时可参照以上第（5）步的要求执行。

10.3.5　材料与设备

10.3.5.1　材料

（1）灌浆料，与工程原使用灌浆料型号保持一致。

（2）拌合水使用自来水。

10.3.5.2　设备

钻孔注射补灌技术所需设备如表10-9所列。

钻孔注射补灌技术所需设备　　　　　　　　　　　　表10-9

序号	设备名称	设备型号	单位	数量	用途
1	冲击钻	常规	台	1	钻孔
2	手电钻	常规	台	1	钻孔
3	钻头	实心螺旋式	个	1	钻孔
4	钻头	空心圆柱形	个	1	钻孔
5	内窥镜	Mentor Visual iQ	台	1	观测灌浆缺陷
6	电子秤	常规	台	1	称量灌浆料
7	量杯	5L	个	1	量取拌合用水
8	铁桶	50L	个	1	搅拌灌浆料容器
9	搅拌器	手持式	台	1	搅拌灌浆料工具
10	倒料工具	500mL	个	1	倒灌浆料工具
11	注射器	250mL	个	1	注射灌浆料
12	细管	内径8mm、外径10mm	根	1	灌浆料引导管

10.3.6　质量控制

（1）钻孔注射补灌时应执行下列标准

《钢筋连接用套筒灌浆料》JG/T 408—2013

《钢筋套筒灌浆连接应用技术规程》JGJ 355—2015

《装配式混凝土结构技术标准》GB/T 51231—2016

《混凝土结构工程施工质量验收规范》GB 50204—2015

（2）钻孔注射补灌施工质量控制

1）钻孔时，钻孔孔道直径不超过套筒出浆孔管道内径，钻至套筒内钢筋表面位置，应避免损伤钢筋。

2）全灌浆套筒和半灌浆套筒均选择测量套筒内出浆孔一侧灌浆料界面相对钻孔孔道下沿位置的深度，并取可测范围的最大值。

3）注射补灌时，出浆孔钻孔孔道的内径与注射器外接细管的外径之差不小于 4mm，便于补灌时套筒内部气体排出；注射过程中，注射器内灌浆料液面最低位置应始终高于套筒出浆孔，确保补灌饱满密实；注射补灌至构件表面出浆孔出浆时，继续边注射边拔出注射器，同时用塞子封堵构件表面出浆孔。

10.3.7　安全措施

（1）钻孔和灌浆料搅拌时应注意用电安全，事前应注意检查是否存在漏电情况。

（2）内窥镜观测灌浆缺陷深度时，应注意保护镜头不受损伤，每结束一个套筒的观测，均对镜头擦拭一次。

（3）钻孔时应避免损伤套筒内钢筋，钻头一旦达到钢筋位置，立即停止钻孔。

10.3.8　环保措施

（1）钻孔和灌浆料搅拌时应控制灰尘和噪声。

（2）剩余灌浆料应及时回收，并运送至指定地点。

10.3.9　效益分析

（1）经济效益

与局部加固法相比，钻孔注射补灌技术简单易行，处理效果更好，且成本低廉，可节约大量处理经费。

（2）社会效益

通过钻孔注射补灌技术，可以有效修复灌浆缺陷，确保连接部位乃至整个装配式混凝土结构的安全。

（3）环境效益

钻孔注射补灌技术本身不会产生污染，可预估补灌材料用量，从而节约资源。

10.4　本章小结

（1）采用冲击钻配实心螺旋式钻头能够在套筒出浆孔管道有效扩孔，扩孔过程中会有少量杂质落入套筒内部，但对后续内窥镜观测和注射补灌基本没有影响。为进一步减少杂质落入套筒内部，现场检测也可以采用手电钻配空心圆柱形钻头成孔，但工作效率相对较低。

（2）采用注射器外接透明软管进行注射补灌时，扩孔孔道内径与透明软管外径之差不小于 4mm，确保套筒内部的空气可以有效排出，能够保证灌浆饱满密实。

（3）扩孔注射补灌后的单向拉伸试验结果显示，试件的强度满足标准要求，表明扩孔注射补灌具有可行性，可用于灌浆不饱满套筒的补灌处理。

（4）修复套筒灌浆缺陷时，可直接在套筒出浆孔通过注射器外接透明软管进行注射补灌；或者在套筒灌浆孔和出浆孔连线上灌浆料液面到达位置的附近钻孔，将该钻孔作为灌浆孔进行注射补灌，通过出浆孔出浆。试验表明以上两种补灌方式均具有可靠性。

（5）实际应用时建议采用在出浆孔通过注射器外接透明软管进行注射补灌的方法，但当从出浆孔补灌有难度时，可考虑采用在套筒其他位置钻孔补灌的方法。

（6）基于研发的钻孔注射补灌技术，形成了具体的施工工法，该工法简单易行，修复后可有效恢复接头的受力性能，具有良好的经济、社会和环境效益。

参考文献

［10-1］ 高润东，李向民，王卓琳，等．基于预埋钢丝拉拔法的套筒灌浆饱满度检测技术研究［J］．施工技术，2017，46（17）：1-5.

［10-2］ 李向民，高润东，许清风，等．钻孔结合内窥镜法检测套筒灌浆饱满度试验研究［J］．施工技术，2019，48（9）：6-8，16.

［10-3］ 上海市住房和城乡建设管理委员会．DG/TJ08-2252—2018 装配整体式混凝土建筑检测技术标准［S］．上海：同济大学出版社，2018.

［10-4］ 中华人民共和国住房和城乡建设部．JGJ 355—2015 钢筋套筒灌浆连接应用技术规程［S］．北京：中国建筑工业出版社，2015.

［10-5］ 中华人民共和国住房和城乡建设部．JG/T 398—2012 钢筋连接用灌浆套筒［S］．北京：中国标准出版社，2013.

［10-6］ 中华人民共和国住房和城乡建设部．JG/T 408—2013 钢筋连接用套筒灌浆料［S］．北京：中国标准出版社，2013.

［10-7］ 高润东，李向民，王卓琳，等．基于预埋钢丝拉拔法套筒灌浆饱满度检测结果的补灌技术研究［J］．建筑结构，2019，49（24）：88-92.

［10-8］ 李向民，高润东，许清风，等．装配整体式混凝土结构套筒不同位置修复灌浆缺陷的试验研究［J］．建筑结构，2019，49（24）：93-97.

［10-9］ 高润东，李向民，许清风，等．针对套筒灌浆缺陷的钻孔注射补灌方法［P］．CN109098468A，2018-12-28.

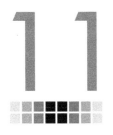

装配式混凝土构件套筒灌浆缺陷整治后性能提升研究

实际工程中由于工人技能不熟练、监督管理不到位等原因，存在套筒出浆孔不出浆、套筒内浆体回流、漏灌等问题。第 8 章、第 9 章主要进行了带灌浆缺陷接头和预制混凝土构件受力性能劣化规律的试验研究，第 10 章主要进行了注射补灌对带灌浆缺陷套筒连接接头受力性能提升的试验研究。本章通过对预制混凝土柱和预制混凝土剪力墙的套筒灌浆缺陷进行整治，对比套筒灌浆缺陷整治前后对预制混凝土柱和预制混凝土剪力墙抗震性能的影响，评估整治效果并提出可用于实际工程的整治方法，为灌浆存在缺陷的装配式混凝土结构的抗震性能提升提供关键技术支撑。

本章的试件设计、材料性能、加载方案、测点布置等与第 9 章一致。

11.1 预制混凝土柱套筒灌浆缺陷整治后性能提升试验研究

11.1.1 试件灌浆缺陷整治

共进行了四根带灌浆缺陷预制混凝土柱试件灌浆缺陷整治的对比试验研究[11-1]，考察灌浆缺陷整治方法的有效性，整治试件的设计参数如表 11-1 所列，其他对照试件的设计参数如表 9-1 所列。本次采用直接补灌法[11-2] 与破型修复法进行灌浆缺陷整治，如图 11-1 所示。

	试件设计参数	表 11-1
试件编号	灌浆缺陷情况	整治情况
PC-F2-L	①、②、③号套筒上段钢筋浆体均回落 67%($\times 8d$),其余套筒无缺陷	直接补灌法
PC-F4-L	①、②、③号套筒上段钢筋浆体分别回落 33%($\times 8d$)、67%($\times 8d$)、100%($\times 8d$),其余套筒无缺陷	直接补灌法
PC-N1-P	①号套筒完全不灌浆,其余套筒无缺陷	破型修复法
PC-N2-L	①、②、③号套筒均完全不灌浆,其余套筒无缺陷	直接补灌法

直接补灌法是用注射器从灌浆孔或新钻孔进行注射补灌，直至原出浆孔或新钻孔连续

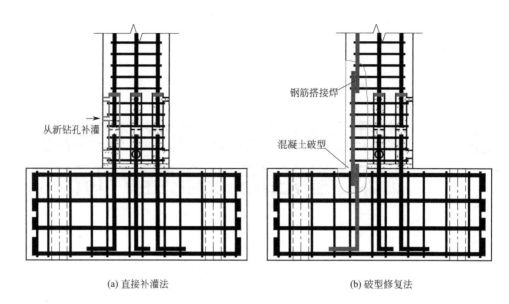

(a) 直接补灌法　　　　　　　　　(b) 破型修复法

图 11-1　预制混凝土柱试件套筒灌浆缺陷整治方法

均匀出浆。对于"浆体回落"缺陷，从精确控制缺陷的新钻孔处进行补灌，若新钻孔内有凝固的浆体，可先用冲击钻沿孔道钻孔至钢筋表面，并清孔，再进行灌浆。对于"完全不灌浆"缺陷，从灌浆孔进行补灌。

　　破型修复法是根据套筒灌浆质量检测结果，先对带灌浆缺陷套筒附近混凝土进行破型，再用小型便携式切割机割断套筒，然后通过焊接进行钢筋连接，最后浇筑灌浆料进行修复。焊接钢筋采用双面搭接焊连接，搭接长度不小于 $5d$[11-3]。

11.1.2　试验过程与破坏形态

　　所有灌浆缺陷整治试件均发生受弯破坏，且均为柱底截面破坏，各试件破坏过程为：

（1）试件 PC-F2-L

　　试件 PC-F2-L 发生了柱底截面破坏模式。试件套筒顶截面首先开裂，开裂荷载为 45kN。当水平位移达到 $2\Delta_y$ 时，柱底截面裂缝宽度超过套筒顶截面。当水平位移加载到 $\pm3\Delta_y$ 时，试件达到正、负向荷载峰值。试件底部 0～100mm 高度范围内混凝土在位移达到 $4\Delta_y$ 时外鼓起皮，在位移达到 $5\Delta_y$ 时开始压碎，在位移达到 $6\Delta_y$ 时严重剥落。当水平位移达到 $7\Delta_y$ 时，试件严重破坏，停止试验。试件的变形主要集中于底部 0～100mm 高度范围内，在这一区域形成塑性铰。

（2）试件 PC-F4-L

　　试件 PC-F4-L 发生了柱底截面破坏模式。试件套筒顶截面首先开裂，开裂荷载为 45kN。当水平位移达到 $2\Delta_y$ 时，柱底截面裂缝宽度超过套筒顶截面。当水平位移加载到 $\pm3\Delta_y$ 时，试件达到正、负向荷载峰值。试件底部 0～100mm 高度范围内混凝土在位移达到 $4\Delta_y$ 时外鼓起皮，在位移达到 $5\Delta_y$ 时开始压碎，在位移达到 $6\Delta_y$ 时严重剥落。当水平位移达到 $7\Delta_y$ 时，试件严重破坏，停止试验。试件的变形主要集中于底部 0～100mm 高度范围内，在这一区域形成塑性铰。

（3）试件 PC-N1-P

试件 PC-N1-P 发生了柱底截面破坏模式。试件套筒顶截面首先开裂，开裂荷载为 45kN。当水平位移达到 $2\Delta_y$ 时，柱底截面裂缝宽度超过套筒顶截面。当水平位移加载到 $+3\Delta_y$、$-4\Delta_y$ 时，试件达到正、负向荷载峰值。试件底部 0～100mm 高度范围内混凝土在位移达到 $4\Delta_y$ 时外鼓起皮，在位移达到 $5\Delta_y$ 时开始压碎，在位移达到 $6\Delta_y$ 时严重剥落。当水平位移达到 $7\Delta_y$ 时，试件严重破坏，停止试验。试件的变形主要集中于底部 0～100mm 高度范围内，在这一区域形成塑性铰。

（4）试件 PC-N2-L

试件 PC-N2-L 发生了柱底截面破坏模式。试件套筒顶截面首先开裂，开裂荷载为 45kN。当水平位移达到 $2\Delta_y$ 时，柱底截面裂缝宽度超过套筒顶截面。当水平位移加载到 $+4\Delta_y$、$-3\Delta_y$ 时，试件达到正、负向荷载峰值。试件底部 0～100mm 高度范围内混凝土在位移达到 $4\Delta_y$ 时外鼓起皮，在位移达到 $5\Delta_y$ 时开始压碎，在位移达到 $6\Delta_y$ 时严重剥落。当水平位移达到 $7\Delta_y$ 时，试件严重破坏，停止试验。试件的变形主要集中于底部 0～100mm 高度范围内，在这一区域形成塑性铰。

试件破坏模式如图 11-2 所示。

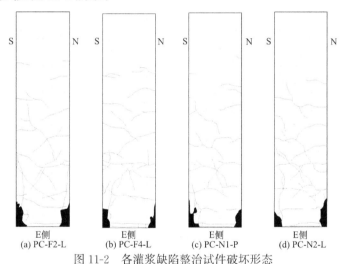

(a) PC-F2-L　　(b) PC-F4-L　　(c) PC-N1-P　　(d) PC-N2-L

图 11-2　各灌浆缺陷整治试件破坏形态

试验结束后，对典型试件的套筒进行破型，核查补灌的有效性。核查结果表明，补灌后（对应试件 PC-F4-L、PC-N2-L）套筒均灌浆饱满。套筒灌浆缺陷整治后破型如图 11-3 所示。

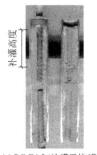 

(a) PC-F4-L(补灌后饱满)　　　　　(b) PC-N2-L(补灌后饱满)

图 11-3　套筒灌浆缺陷整治后破型

11.1.3 试验结果及分析

11.1.3.1 滞回曲线与骨架曲线

套筒灌浆缺陷整治试件及其对照试件的位移-水平荷载滞回曲线和骨架曲线如图 11-4 所示。

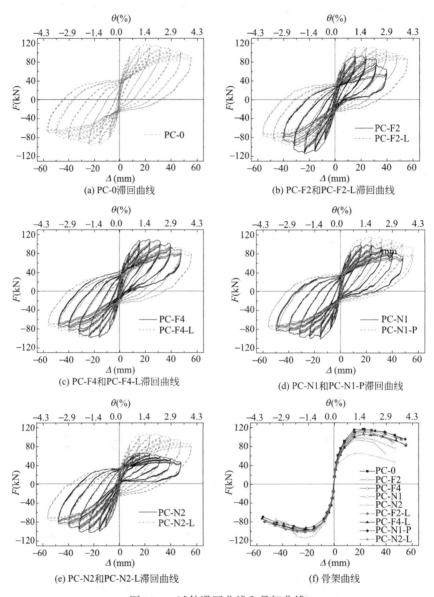

图 11-4 试件滞回曲线和骨架曲线

由图 11-4(a)～(e)可知，各预制混凝土柱试件在屈服前，滞回环细长且残余变形很小，耗能很少；随着位移的增大，由于混凝土开裂与压碎、钢筋屈服，预制混凝土柱试件的刚度逐渐下降，塑性变形不断发展，残余变形不断增大，滞回环的面积逐渐增大，耗能也逐渐增加。比较 9 根预制混凝土柱试件的滞回曲线可知，无灌浆缺陷预制混凝土柱对比试件 PC-0 的滞回曲线较为饱满；带灌浆缺陷预制混凝土柱试件 PC-F2、PC-F4、PC-N1

和 PC-N2 的滞回曲线存在一定的捏缩效应，均不同程度地弱于对比试件 PC-0，其中试件 PC-F2、PC-F4 与 PC-N2 的滞回曲线正、负方向表现出较显著的不对称性；而灌浆缺陷整治试件 PC-F2-L、PC-F4-L、PC-N1-P 和 PC-N2-L 的滞回曲线与对应的带灌浆缺陷试件 PC-F2、PC-F4、PC-N1 和 PC-N2 相比均有很大程度的恢复和提升，滞回曲线较为饱满，正、负方向也较为对称，且均接近于无灌浆缺陷对比试件 PC-0。这表明本文提出的整治方法有效，可将带灌浆缺陷预制混凝土柱的抗震性能提升至无灌浆缺陷对比试件的水平。

由图 11-4(f) 可知，带灌浆缺陷预制混凝土柱试件的骨架曲线均受到灌浆缺陷的不利影响，尤其是试件 PC-F2、PC-N1 和 PC-N2 骨架曲线的正向峰值荷载降低较大，且峰值后荷载下降速度较快。而灌浆缺陷整治试件 PC-F2-L、PC-F4-L、PC-N1-P 和 PC-N2-L 的骨架曲线都得到了很大程度的恢复，均接近于无灌浆缺陷对比试件 PC-0。根据骨架曲线确定各试件的屈服点、峰值荷载点和破坏点的荷载与位移值，详见表 11-2。其中，屈服点按照能量等值法[11-4] 确定，破坏点为骨架曲线荷载降至峰值荷载 85% 对应的点。

11.1.3.2 承载力

从表 11-2 可以看出，带灌浆缺陷预制混凝土柱试件 PC-F2、PC-N1 和 PC-N2 的正向峰值荷载受灌浆缺陷的不利影响较为严重，整治后试件 PC-F2-L、PC-N1-P 和 PC-N2-L 的正向峰值荷载比对应的带套筒灌浆缺陷试件 PC-F2、PC-N1 和 PC-N2 分别提高了 19%、19% 和 62%。而带灌浆缺陷预制混凝土柱试件 PC-F4 的正向峰值荷载受灌浆缺陷的影响不大，因此整治后试件 PC-F4-L 的峰值荷载与对应的带灌浆缺陷试件 PC-F4 相比并未提高。带灌浆缺陷预制混凝土柱试件 PC-F2、PC-F4、PC-N1 和 PC-N2 的负向峰值荷载受灌浆缺陷影响不大，因此整治后试件 PC-F2-L、PC-F4-L、PC-N1-P 和 PC-N2-L 的负向峰值荷载与对应的带灌浆缺陷试件 PC-F2、PC-F4、PC-N1 和 PC-N2 相比变化不大。整治后试件 PC-F2-L、PC-F4-L、PC-N1-P 和 PC-N2-L 的正、负向峰值荷载均与无灌浆缺陷对比试件 PC-0 相当。

11.1.3.3 延性

由表 11-2 可知，各试件破坏点对应的侧移角 θ_u 介于 1/26～1/42 之间，满足国家标准《建筑抗震设计规范》GB 50011—2010（2016 年版）[11-5] 中钢筋混凝土框架结构弹塑性层间位移角限值为 1/50 的要求。灌浆缺陷整治后试件 PC-F2-L、PC-F4-L、PC-N1-P 和 PC-N2-L 的正向破坏点位移比对应的带灌浆缺陷试件 PC-F2、PC-F4、PC-N1 和 PC-N2 分别提高了 50%、17%、27% 和 36%，负向破坏点位移分别提高了 42%、23%、21% 和 11%。灌浆缺陷整治后试件 PC-F2-L、PC-F4-L、PC-N1-P 和 PC-N2-L 的破坏点位移与无灌浆缺陷对比试件 PC-0 相当。

各试件的位移延性系数介于 3.04～5.51 之间，均大于 3.0，表明各预制混凝土柱试件的变形能力较好。灌浆缺陷整治后试件 PC-F2-L、PC-F4-L、PC-N1-P 和 PC-N2-L 的负向位移延性系数比对应的带灌浆缺陷试件 PC-F2、PC-F4、PC-N1 和 PC-N2 分别提高了 54%、15%、13% 和 11%；灌浆缺陷整治后试件 PC-F2-L、PC-F4-L 的正向位移延性系数比对应的带灌浆缺陷试件 PC-F2、PC-F4 分别提高了 31%、7%，而灌浆缺陷整治后试件 PC-N1-P、PC-N2-L 的正向位移延性系数比对应的带灌浆缺陷试件 PC-N1、PC-N2 分别降低了 8%、2%，这主要是由于带灌浆缺陷试件 PC-N1、PC-N2 的屈服位移较小。灌浆缺陷整治后试件 PC-F2-L、PC-F4-L、PC-N1-P 和 PC-N2-L 的位移延性系数与无灌浆缺陷对比试件 PC-0 相近。

试件骨架曲线特征点参数

表 11-2

试件编号	加载方向	屈服点					峰值荷载点					破坏点					延性系数 μ	R_μ
		F_y (kN)	R_{Fy}	Δ_y (mm)	$R_{\Delta y}$	θ_y	F_p (kN)	R_{Fp}	Δ_p (mm)	$R_{\Delta p}$	θ_p	F_u (kN)	R_{Fu}	Δ_u (mm)	$R_{\Delta u}$	θ_u		
PC-0	正	94.6	1.00	9.0	1.00	1/155	116.0	1.00	22.3	1.00	1/63	98.6	1.00	49.7	1.00	1/28	5.51	1.00
	负	82.3	1.00	8.2	1.00	1/172	96.9	1.00	22.5	1.00	1/62	82.4	1.00	43.5	1.00	1/32	5.34	1.00
PC-F2	正	76.9	0.81	8.1	0.90	1/172	93.7	0.81	15.4	0.69	1/91	79.6	0.81	33.8	0.68	1/41	4.15	0.75
	负	95.6	1.16	10.9	1.33	1/129	115.2	1.19	23.5	1.04	1/60	98.0	1.19	33.0	0.76	1/42	3.04	0.57
PC-F2-L	正	90.6	0.96	9.3	1.03	1/151	111.6	0.96	23.6	1.06	1/59	94.9	0.96	50.7	1.02	1/28	5.45	0.99
	负	84.1	1.02	10.0	1.22	1/140	102.1	1.05	22.5	1.00	1/62	86.8	1.05	46.8	1.08	1/30	4.68	0.88
PC-F4	正	88.9	0.94	10.0	1.11	1/139	109.6	0.94	23.4	1.05	1/60	93.2	0.95	42.4	0.85	1/33	4.22	0.77
	负	83.0	1.01	8.7	1.06	1/162	98.4	1.02	23.5	1.04	1/60	83.7	1.02	37.3	0.86	1/38	4.31	0.81
PC-F4-L	正	86.1	0.91	11.0	1.22	1/127	105.2	0.91	22.8	1.02	1/62	89.4	0.91	49.6	1.00	1/28	4.50	0.82
	负	82.1	1.00	9.2	1.13	1/151	99.1	1.02	23.6	1.05	1/59	84.2	1.02	46.0	1.06	1/30	4.97	0.93
PC-N1	正	80.1	0.85	7.5	0.83	1/188	97.3	0.84	23.6	1.06	1/59	82.7	0.84	40.2	0.81	1/35	5.39	0.98
	负	84.4	1.03	9.3	1.13	1/151	101.4	1.05	15.6	0.69	1/90	86.2	1.05	44.4	1.02	1/32	4.79	0.90
PC-N1-P	正	94.9	1.00	10.3	1.14	1/136	115.7	1.00	23.5	1.05	1/60	98.3	1.00	51.0	1.03	1/27	4.96	0.90
	负	78.5	0.95	9.9	1.21	1/141	94.0	0.97	32.0	1.42	1/44	79.9	0.97	53.8	1.24	1/26	5.42	1.02
PC-N2	正	51.6	0.55	6.7	0.74	1/209	64.5	0.56	15.9	0.71	1/88	54.8	0.56	36.6	0.74	1/38	5.47	0.99
	负	88.8	1.08	10.1	1.23	1/139	103.6	1.07	22.3	0.99	1/63	88.1	1.07	43.2	0.99	1/32	4.28	0.80
PC-N2-L	正	86.0	0.91	9.3	1.03	1/151	104.5	0.90	30.7	1.38	1/46	88.8	0.90	49.7	1.00	1/28	5.37	0.97
	负	84.0	1.02	10.2	1.24	1/138	100.4	1.04	23.9	1.06	1/59	85.3	1.04	48.0	1.10	1/29	4.73	0.89

注:
1. F、Δ、θ 分别表示加载点水平荷载、位移、相应的侧移角，相应点位移之比。且 $\theta=\Delta/h$（h 为试件水平荷载高度 1400mm）；
2. 试件的位移延性系数 μ 为破坏点位移与屈服点位移之比，即 $\mu=\Delta_u/\Delta_y$；
3. R 是其他试件骨架曲线特征点参数值与无灌浆缺陷对比试件 PC-0 骨架曲线对应的特征点参数的比值。

11.1.3.4　刚度退化与承载力退化

将试件在不同位移幅值下的环线刚度 K 除以其正向加载初始刚度 K_0，即得到无量纲化处理后的环线刚度变化曲线，如图 11-5（a）所示。可以看出，试件刚度退化均匀，表明试件延性较好。灌浆缺陷整治后试件的刚度退化总体上比带灌浆缺陷试件稍缓慢一些。

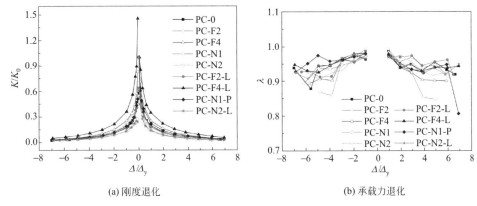

(a) 刚度退化　　　　　　　　　　(b) 承载力退化

图 11-5　试件刚度退化与承载力退化曲线

试件承载力退化规律如图 11-5(b) 所示。可以发现，各试件承载力退化系数 λ 均在 0.80 以上，各试件承载力退化不太明显。灌浆缺陷整治后预制混凝土柱试件的承载力退化总体上比带灌浆缺陷预制混凝土柱试件更缓慢一些。

11.1.3.5　应变分析

试件 PC-F2 和 PC-F2-L、PC-N2 和 PC-N2-L 内部钢筋及套筒应变变化见图 11-6、图 11-7 所示。

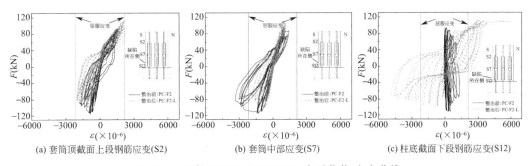

(a) 套筒顶截面上段钢筋应变(S2)　　(b) 套筒中部应变(S7)　　(c) 柱底截面下段钢筋应变(S12)

图 11-6　试件 PC-F2 和 PC-F2-L 水平荷载-应变曲线

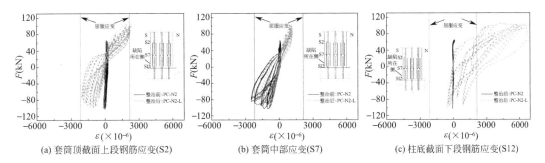

(a) 套筒顶截面上段钢筋应变(S2)　　(b) 套筒中部应变(S7)　　(c) 柱底截面下段钢筋应变(S12)

图 11-7　试件 PC-N2 和 PC-N2-L 水平荷载-应变曲线

由图 11-6 和图 11-7 可知，两组试件内关键位置的应变变化规律相似。带灌浆缺陷试件 PC-F2 和 PC-N2 的柱底截面下段钢筋应变（S12）未达到屈服应变，而对应的灌浆缺陷整治后试件 PC-F2-L 和 PC-N2-L 均已远超过屈服应变；带灌浆缺陷试件 PC-F2 和 PC-N2 的套筒中部应变（S7）超过屈服应变，而对应的灌浆缺陷整治后试件 PC-F2-L 和 PC-N2-L 却均未达到屈服应变。这表明，由于灌浆缺陷的不利影响，带灌浆缺陷试件 PC-F2 和 PC-N2 的套筒灌浆连接接头无法将荷载有效传递至下段钢筋，在接头处形成薄弱环节，试件的破坏集中于套筒区域；而灌浆缺陷整治后试件 PC-F2-L 和 PC-N2-L 套筒灌浆连接接头的受力性能得到恢复，可有效传力，试件的破坏发生在柱底截面区域。

11.1.3.6 耗能能力

试件的耗能能力与滞回环的面积成正比，而累积耗能是反映试件耗能能力的重要指标。各试件的累积耗能曲线如图 11-8 所示。可以看出，各试件的累积耗能随位移增加呈抛物线形增长，表明各试件的耗能能力良好。灌浆缺陷整治后试件 PC-F2-L、PC-F4-L、PC-N1-P 和 PC-N2-L 的累积耗能值比带灌浆缺陷试件 PC-F2、PC-F4、PC-N1 和 PC-N2 分别提高了 157%、54%、48% 和 85%，且均与无灌浆缺陷对比试件 PC-0 相当。

11.1.4 预制混凝土柱套筒灌浆缺陷整治方法

以上试验结果表明，直接补灌法与破型修复法对恢复带灌浆缺陷预制混凝土柱试件的滞回特性、承载力、延性、耗能能力等均较为有效，基本上可将带灌浆缺陷预制混凝土柱试件的抗震性能提升至无灌浆缺陷对比试件的水平。

直接补灌法在实际使用时可先结合钻孔内窥镜法[11-6]、预埋钢丝拉拔法[11-7] 或 X 射线数字成像法[11-8] 检测套筒灌浆缺陷的范围和位置。若套筒内完全无灌浆料，则从该套筒的灌浆孔直接用灌浆机进行补灌。若由于漏浆或封堵不严造成的套筒内灌浆料液面下降，优先从出浆孔钻孔进行灌浆缺陷检测后，再通过该检测孔道进行补灌；补灌选用注射器外接透明软管，钻孔内径与透明软管外径之差不小于 4mm，以便于气体排出。若由于异物堵塞或钢筋偏位导致套筒灌浆中段存在缺陷时，可先通

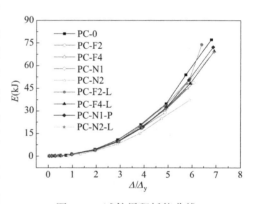

图 11-8 试件累积耗能曲线

过检测确定灌浆缺陷的大致范围和位置，然后再在合适位置进行钻孔注射补灌。直接补灌法操作非常方便迅速且效果较好，应优先选用。

当实际工程结构中的套筒灌浆缺陷情况较为复杂或存在明显争议而不便于直接补灌时，可采用破型修复法进行整治。当采用破型修复法时，搭接纵筋应选用与原钢种相同、直径相同或略大的钢筋采用双面搭接焊连接，搭接长度不应小于 $5d$，并保证焊接质量；被割开的箍筋也应选择相同钢种、直径相同或略大的钢筋并用双面搭接焊连接。同时为浇捣密实，应采用微膨胀细石混凝土或高强无收缩灌浆料修复破型后的混凝土；若采用细石混凝土进行修复，则细石混凝土强度等级应比原构件混凝土强度等级至少提高一级。由于破型修复法将对结构造成较大影响，对附近区域混凝土造成明显扰动，须特别注重整治

的工序和施工质量，方能保证整治后的结构整体性能。

11.2 预制混凝土剪力墙套筒灌浆缺陷整治后性能提升试验研究

11.2.1 试件灌浆缺陷整治

共进行了两片带灌浆缺陷预制混凝土剪力墙试件灌浆缺陷整治的对比试验研究[11-9]，考察灌浆缺陷整治方法的有效性，整治试件设计参数如表 11-3 所列，其他对照试件的设计参数如表 9-3 所列。本次采用直接补灌法与破型修复法进行灌浆缺陷整治，如图 11-9 所示，具体整治工艺可参见第 11.1.1 节。

	试件设计参数	表 11-3
试件编号	灌浆缺陷情况	整治情况
PW-2-R	①、②号套筒上段钢筋浆体回落 $100\%(\times 8d)$，其余套筒无缺陷	破型修复法
PW-5-R	①、②、③、④号套筒上段钢筋浆体回落 $100\%(\times 8d)$，其余套筒无缺陷	直接补灌法

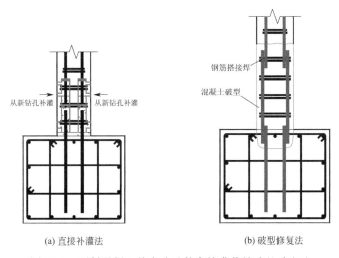

(a) 直接补灌法　　　　　　　　(b) 破型修复法

图 11-9　预制混凝土剪力墙试件套筒灌浆缺陷整治方法

11.2.2 试验过程与破坏形态

所有预制混凝土剪力墙都发生了弯曲破坏，边缘构件中纵筋发生屈服，剪力墙两端混凝土被压溃。根据破坏形态的不同，又可细分为 2 种破坏模式：墙底截面破坏（破坏模式 A）与套筒连接区域破坏（破坏模式 B）。剪力墙的破坏形态如图 11-10 所示。

（1）破坏模式 A：墙底截面破坏

无灌浆缺陷预制混凝土剪力墙对比试件 PW-0、灌浆缺陷整治后预制混凝土剪力墙试件 PW-2-R 和 PW-5-R 均发生了破坏模式 A，破坏特征总结如下：

剪力墙套筒顶截面首先开裂，开裂荷载为 200～280kN。当水平位移达到 10～15mm 时，剪力墙出现斜裂缝。当水平位移达到 20～25mm 时，剪力墙两端底部混凝土外鼓起皮。当水平位移达到 25～30mm 时，剪力墙两端 0～100mm 高度范围内出现竖向劈裂裂缝。当水平位移达到 35mm 时，剪力墙两端 0～100mm 高度范围内混凝土保护层开始压碎剥落。当水平位移达到 35～45mm 时，水平荷载达到峰值，剪力墙底部接缝受拉张开，裂缝宽度增大至 5.0～8.0mm。当水平位移达到 55～60mm 时，剪力墙两端角部混凝土被压溃，最外侧纵筋在墙底处屈曲并断裂，水平荷载降至峰值荷载的 85％ 以下，停止试验。破坏时，剪力墙底部截面裂缝宽度为 12.0～15.0mm。

（2）破坏模式 B：套筒连接区域破坏

带灌浆缺陷预制混凝土剪力墙试件 PW-2 和 PW-5 发生了破坏模式 B，破坏特征总结如下：

剪力墙套筒顶截面首先开裂，开裂荷载为 200～240kN。当水平位移达到 10mm 时，剪力墙出现斜裂缝，套筒顶截面水平裂缝宽度骤增至 3.0～5.0mm，剪力墙缺陷所在侧（S 侧）的裂缝分布比无缺陷侧（N 侧）较稀疏。当水平位移达到 20～25mm 时，剪力墙两端底部混凝土外鼓起皮。当水平位移达到 25mm 时，剪力墙两端 0～100mm 高度范围内出现竖向劈裂裂缝。当水平位移达到 35mm 时，剪力墙两端 0～100mm 高度范围内混凝土保护层开始压碎剥落，缺陷所在侧（S 侧）套筒顶截面裂缝宽度显著增大至 10.0～15.0mm。当水平位移达到 35～50mm 时，水平荷载达到峰值。当水平位移达到 55～65mm 时，在剪力墙缺陷所在侧（S 侧），0～300mm 高度区域混凝土被压溃，带缺陷套筒上段钢筋发生滑移拔出，紧邻的无缺陷套筒上段钢筋在套筒顶截面处被拉断；在剪力墙无缺陷侧（N 侧），角部混凝土被压溃，最外侧纵筋在墙底处断裂；水平荷载降至峰值荷载的 85％ 以下，停止试验。破坏时，剪力墙底部截面裂缝宽度为 17.0～25.0mm。

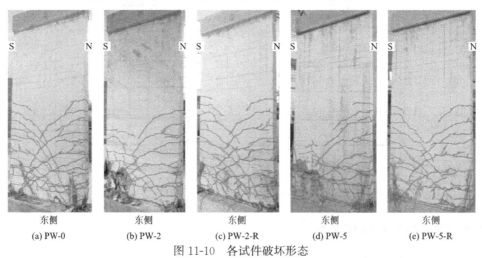

| 东侧 | 东侧 | 东侧 | 东侧 | 东侧 |
| (a) PW-0 | (b) PW-2 | (c) PW-2-R | (d) PW-5 | (e) PW-5-R |

图 11-10　各试件破坏形态

11.2.3　试验结果及分析

11.2.3.1　滞回曲线与骨架曲线

灌浆缺陷整治预制混凝土剪力墙试件及其对照试件的位移-水平荷载滞回曲线如图 11-11 所示。试件屈服前，基本上处于弹性状态，卸载后残余变形很小，刚度基本无退化，滞回环的面积也很小。试件屈服后，钢筋、套筒连接、混凝土等各组件的性能劣化以及各组件之间的滑移使滞回曲线出现捏拢现象，试件内部损伤不断累积，刚度逐渐退化，塑性变形不断发展，残余变形也不断增大。

　　将 5 片试件的滞回曲线进行比较。无灌浆缺陷对比试件 PW-0 的滞回曲线较为饱满。带灌浆缺陷试件 PW-2、PW-5 的滞回曲线捏缩现象较严重，弱于无灌浆缺陷对比试件 PW-0，且其正、负方向具有明显的不对称性。带灌浆缺陷试件 PW-5 的滞回曲线捏缩现象与正负方向不对称性都比带缺陷试件 PW-2 更为严重，表明灌浆缺陷对预制混凝土剪力墙滞回性能的不利影响随着带缺陷套筒数量的增多而加重。灌浆缺陷整治后试件 PW-2-R、PW-5-R 的滞回曲线较饱满，正、负方向也比较对称，与无灌浆缺陷对比试件 PW-0 相近，滞回性能基本上得到恢复。这表明本文所采用的整治方法对恢复带灌浆缺陷预制混凝土剪力墙的抗震性能是有效的。

　　图 11-11（d）给出了 5 片预制混凝土剪力墙试件的水平荷载-位移骨架曲线。可以看出，带灌浆缺陷试件 PW-2、PW-5 的骨架曲线峰值比无灌浆缺陷对比试件 PW-0 降低较多，尤其是正向段。带灌浆缺陷试件 PW-5 的骨架曲线的正、负方向峰值都低于带缺陷试件 PW-2。灌浆缺陷整治后试件 PW-2-R、PW-5-R 的骨架曲线基本上恢复至无灌浆缺陷对比试件 PW-0 的水平。根据骨架曲线可得到试件屈服点、峰值荷载点与破坏点的荷载值及位移值，见表 11-4。其中，屈服点根据能量等值法[11-4] 确定，破坏点定义为骨架曲线荷载降低至峰值荷载的 85% 对应的点。

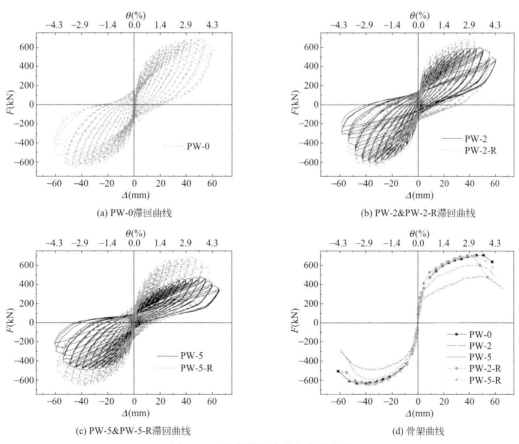

(a) PW-0滞回曲线　　　　　　　　(b) PW-2&PW-2-R滞回曲线

(c) PW-5&PW-5-R滞回曲线　　　　　　　　(d) 骨架曲线

图 11-11　试件滞回曲线与骨架曲线

表 11-4

试件骨架曲线特征点参数

试件编号	加载方向	屈服点					峰值荷载点					破坏点					延性系数 μ	R_μ
		F_y (kN)	R_{Fy}	Δ_y (mm)	$R_{\Delta y}$	θ_y	F_p (kN)	R_{Fp}	Δ_p (mm)	$R_{\Delta p}$	θ_p	F_u (kN)	R_{Fu}	Δ_u (mm)	$R_{\Delta u}$	θ_u		
PW-0	正	584.5	1.00	18.7	1.00	1/160	702.1	1.00	45.3	1.00	1/66	596.8	1.00	61.1	1.00	1/49	3.26	1.00
	负	520.1	1.00	16.1	1.00	1/186	640.5	1.00	39.4	1.00	1/76	544.4	1.00	58.3	1.00	1/51	3.62	1.00
PW-2	正	489.7	0.84	17.2	0.92	1/175	599.7	0.85	47.1	1.04	1/64	509.8	0.85	57.8	0.95	1/52	3.37	1.03
	负	491.0	0.94	15.7	0.97	1/191	602.8	0.94	32.5	0.82	1/92	512.4	0.94	48.7	0.84	1/62	3.10	0.86
PW-2-R	正	569.9	0.98	14.7	0.78	1/204	697.3	0.99	38.3	0.85	1/78	592.7	0.99	48.1	0.79	1/62	3.28	1.01
	负	529.6	1.02	15.9	0.99	1/188	646.7	1.01	32.7	0.83	1/92	549.7	1.01	52.7	0.90	1/57	3.30	0.91
PW-5	正	377.3	0.65	22.4	1.20	1/134	480.4	0.68	51.5	1.14	1/58	408.3	0.68	60.4	0.99	1/50	2.70	0.83
	负	408.4	0.79	13.8	0.86	1/217	496.3	0.77	35.8	0.91	1/84	421.9	0.77	51.3	0.88	1/58	3.72	1.03
PW-5-R	正	571.3	0.98	16.6	0.88	1/181	693.4	0.99	44.2	0.98	1/68	589.4	0.99	56.6	0.93	1/53	3.42	1.05
	负	540.8	1.04	16.2	1.01	1/185	663.0	1.04	39.1	0.99	1/77	563.5	1.04	55.0	0.94	1/55	3.39	0.94

注：1. F、Δ、θ 分别表示加载点水平荷载、位移、相应的侧移角，且 $\theta = \Delta/h$（h 为剪力墙平水载施加高度 3000mm）；

2. 试件的位移延性系数 μ 定义为破坏点位移与屈服点位移之比，即 $\mu = \Delta_u/\Delta_y$；

3. R 是其他试件的骨架曲线特征点参数值与无灌浆缺陷预制混凝土剪力墙试件 PW-0 骨架曲线对应的特征点参数的比值。

11.2.3.2 承载力

表 11-4 给出了 5 片预制混凝土剪力墙试件的承载力数据，可以看出套筒灌浆缺陷对试件 PW-2、PW-5 正向峰值荷载的不利影响更加严重。这是由于灌浆缺陷对套筒连接受拉性能的不利影响大于受压性能，而带灌浆缺陷套筒连接在剪力墙正向加载时处于受拉状态、在负向加载时处于受压状态。灌浆缺陷整治后预制混凝土剪力墙试件 PW-2-R、PW-5-R 的峰值荷载比带灌浆缺陷预制混凝土剪力墙试件 PW-2、PW-5 提高了 7%～44%，都恢复至无灌浆缺陷预制混凝土剪力墙对比试件 PW-0 的水平。这表明，本文所采用的灌浆缺陷整治方法对恢复带灌浆缺陷预制混凝土剪力墙的受力性能是有效的。

11.2.3.3 延性

表 11-4 也给出了 5 片预制混凝土剪力墙试件的破坏点位移与位移延性系数数据。各试件的延性系数介于 2.70～3.62 之间。其中，带灌浆缺陷预制混凝土剪力墙试件 PW-5 的正向位移延性系数为 2.70，小于 3.0，受灌浆缺陷的不利影响较大，延性较差。无灌浆缺陷预制混凝土剪力墙试件 PW-0 与灌浆缺陷整治后预制混凝土剪力墙试件 PW-2-R、PW-5-R 的位移延性系数均大于 3.0，具有较好的变形能力。灌浆缺陷整治后预制混凝土剪力墙试件 PW-2-R、PW-5-R 的位移延性系数与无灌浆缺陷预制混凝土剪力墙对比试件 PW-0 相差不多。各试件破坏点对应的侧移角 θ_u 介于 1/49～1/62 之间，超过国家标准《建筑抗震设计规范》GB 50011—2010[11-5] 规定的钢筋混凝土剪力墙结构弹塑性层间位移角限值 1/100。

灌浆缺陷整治后预制混凝土剪力墙试件 PW-5-R 的破坏点位移与无灌浆缺陷预制混凝土剪力墙对比试件 PW-0 相差不多。灌浆缺陷整治后预制混凝土剪力墙试件 PW-2-R 的负向破坏点位移值与无灌浆缺陷预制混凝土剪力墙对比试件 PW-0 相差不多；灌浆缺陷整治后预制混凝土剪力墙试件 PW-2-R 的正向破坏点位移值比无灌浆缺陷预制混凝土剪力墙对比试件 PW-0 略小，这是由于搭接焊钢筋的热影响区正好位于此处，钢筋过早发生断裂。

11.2.3.4 刚度退化与承载力退化

图 11-12(a) 给出了 5 片预制混凝土剪力墙试件的环线刚度随位移的变化曲线。可以看出带灌浆缺陷预制混凝土剪力墙试件 PW-2、PW-5 的刚度低于无灌浆缺陷预制混凝土剪力墙对比试件 PW-0，且降低更快，尤其是正方向刚度受灌浆缺陷的不利影响更加显著。灌浆缺陷整治后预制混凝土剪力墙试件 PW-2-R、PW-5-R 的刚度均恢复至无灌浆缺陷预制混凝土剪力墙对比试件 PW-0 的水平。

图 11-12(b) 给出了 5 片预制混凝土剪力墙试件的承载力退化系数随位移的变化曲线。在加载前期，各试件的承载力退化系数基本上在 0.9 以上，承载力退化不明显。当位移大约超过 45mm 之后，随着纵筋的拔出、断裂以及混凝土的压溃，试件承载力退化变得严重。灌浆缺陷整治后预制混凝土剪力墙试件 PW-5-R 后期的承载力退化系数降低较早，是由于搭接焊钢筋的断裂发生在墙底处的热影响区，断裂过早。

11.2.3.5 位移与应变分析

图 11-13 给出了 5 片预制混凝土剪力墙试件在屈服点、峰值点、破坏点的水平位移沿墙体高度的分布图。可以看出，预制混凝土剪力墙试件的变形集中在距墙底 700mm（墙身截面高度的一半）高度范围内，700mm 以上范围水平位移沿墙高呈直线分布。从位移沿墙高的分布规律看，预制混凝土剪力墙试件的破坏呈弯曲型破坏。

图 11-14 给出了带灌浆缺陷预制混凝土剪力墙试件 PW-2 与灌浆缺陷整治后预制混凝

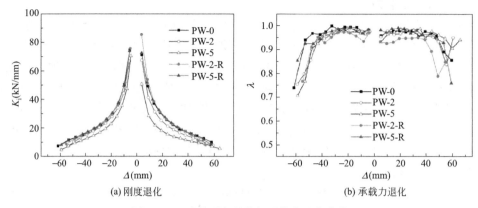

(a) 刚度退化　　　　　　　　　　　　(b) 承载力退化

图 11-12　试件刚度退化与承载力退化曲线

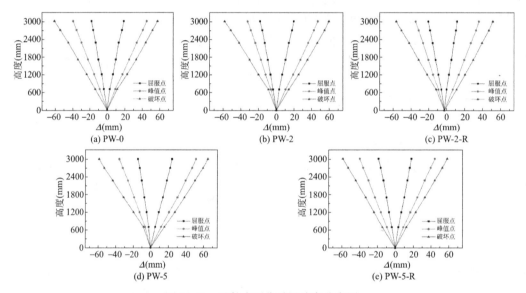

(a) PW-0　　　　　　(b) PW-2　　　　　　(c) PW-2-R

(d) PW-5　　　　　　　　　　(e) PW-5-R

图 11-13　试件水平位移沿墙高分布图

土剪力墙试件 PW-2-R 最外侧钢筋及套筒应变的变化曲线，图 11-15 给出了带灌浆缺陷预制混凝土剪力墙试件 PW-5 与灌浆缺陷整治后预制混凝土剪力墙试件 PW-5-R 最外侧钢筋及套筒应变的变化曲线。

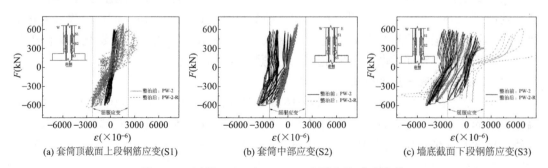

(a) 套筒顶截面上段钢筋应变(S1)　　(b) 套筒中部应变(S2)　　(c) 墙底截面下段钢筋应变(S3)

图 11-14　试件 PW-2 和 PW-2-R 水平荷载-应变曲线

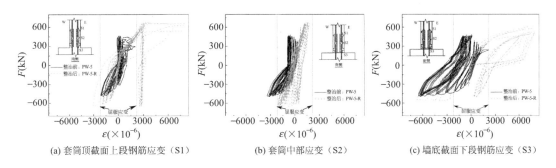

(a) 套筒顶截面上段钢筋应变（S1）　　(b) 套筒中部应变（S2）　　(c) 墙底截面下段钢筋应变（S3）

图 11-15　试件 PW-5 和 PW-5-R 水平荷载-应变曲线

从图 11-14 和图 11-15 可以看出，对于带灌浆缺陷预制混凝土剪力墙试件（PW-2、PW-5，发生破坏模式 B），墙底截面下段钢筋的应变（S3）与套筒中部应变（S2）的正向均未超过屈服应变，负向均超过屈服应变，而套筒顶截面上段钢筋的应变（S1）正、负向均未超过屈服应变。对于灌浆缺陷整治后预制混凝土剪力墙试件（PW-2-R、PW-5-R，发生破坏模式 A），墙底截面下段钢筋的应变（S3）与套筒顶截面上段钢筋的应变（S1）正、负向均超过屈服应变，而套筒中部应变（S2）正、负向均未超过屈服应变。这表明，由于灌浆缺陷的不利影响，带灌浆缺陷预制混凝土剪力墙试件（PW-2、PW-5）的最外侧带灌浆缺陷套筒连接不能有效传力。尤其是当带灌浆缺陷预制混凝土剪力墙试件（PW-2、PW-5）缺陷所在侧（S 侧）受拉时，拉力无法从上段钢筋通过套筒连接传递至下段钢筋；当带灌浆缺陷预制混凝土剪力墙（PW-2、PW-5）缺陷所在侧（S 侧）受压时，上段钢筋仍无法传力，压力通过混凝土传递至套筒与下段钢筋。由于带灌浆缺陷套筒连接无法有效传力，在灌浆缺陷处形成薄弱环节，损伤集中于此处并不断累积，故破坏最严重区域从墙底转移至套筒连接区域。

11.2.3.6　耗能能力

图 11-16 给出了 5 片预制混凝土剪力墙试件的累积耗能曲线。带灌浆缺陷预制混凝土剪力墙试件 PW-2、PW-5 的累积耗能一直低于无灌浆缺陷预制混凝土剪力墙对比试件 PW-0，而灌浆缺陷整治后预制混凝土剪力墙试件 PW-2-R、PW-5-R 的累积耗能基本上恢复至无灌浆缺陷预制混凝土剪力墙对比试件 PW-0 的水平。灌浆缺陷整治后预制混凝土剪力墙试件 PW-2-R、PW-5-R 最终累积耗能值比无灌浆缺陷预制混凝土剪力墙试件 PW-2、PW-5 分别提高了 5%、48%。

图 11-17 给出了 5 片预制混凝土剪力墙试件的等效阻尼比变化曲线。可以看出，各试件的等效阻尼比在 0.07～0.20 之间。当位移超过 5mm 之后，各试件等效阻尼比随位移的增大而增大。带灌浆缺陷预制混凝土剪力墙试件 PW-2、PW-5 的等效阻尼较小，受灌浆缺陷的不利影响较大。灌浆缺陷整治后预制混凝土剪力墙试件 PW-2-R、PW-5-R 的等效阻尼比与无灌浆缺陷预制混凝土剪力墙对比试件 PW-0 相近。

11.2.4　预制混凝土剪力墙套筒灌浆缺陷整治方法

根据以上试验结果，直接补灌法与破型修复法对于恢复带灌浆缺陷预制混凝土剪力墙的滞回特性、承载力、延性、刚度与耗能能力等均有效，基本可将带灌浆缺陷预制混凝土剪力墙的抗震性能提升至无灌浆缺陷预制混凝土剪力墙的水平。

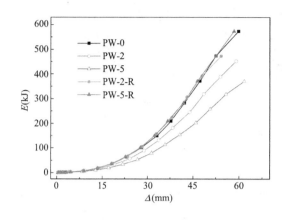

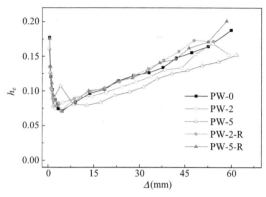

图 11-16　试件累积耗能曲线　　　　图 11-17　试件等效阻尼比变化曲线

　　直接补灌法操作十分简单，并且安全有效，在实际工程应用中优先推荐。如果套筒内完全无浆体，可从该套筒灌浆孔直接补灌，直至出浆孔连续均匀出浆。如果套筒内浆体回落一定高度，可从出浆孔直接补灌或在套筒内浆体液面附近钻孔补灌。当从出浆孔直接补灌时，可利用外接透明软管的注射器注射补灌，为便于气体排出，出浆孔管道内径与注射器外接透明软管外径之差不小于 4mm。当从套筒内浆体液面附近钻孔补灌时，可首先通过内窥镜从出浆孔检测并确定液面深度，然后在套筒外对应高度处钻孔，最后从该新钻孔处通过外接透明软管的注射器补灌，透明软管外径与新钻孔内径大致相同。

　　当实际工程中的套筒灌浆缺陷情况较为复杂、不能采用直接补灌法时，也可采用破型修复法对装配式混凝土剪力墙结构的灌浆缺陷进行整治。当采用破型修复法时，搭接竖向钢筋的强度等级、直径均不应小于原竖向钢筋。被割开的箍筋应采用双面搭接焊连接，搭接箍筋的强度等级、直径均不应小于原箍筋。混凝土修复材料的强度等级不应低于原混凝土，可采用微膨胀细石混凝土、高强无收缩灌浆料、高延性水泥基复合材料或超高性能混凝土等。对原结构进行破型时，应尽量谨慎施工、避免扰动，保证修复后装配式混凝土剪力墙结构的整体性能。

11.3　本章小结

　　（1）灌浆缺陷整治后预制混凝土试件的滞回曲线较为饱满，与无灌浆缺陷预制混凝土对比试件相当，明显优于带灌浆缺陷预制混凝土试件。

　　（2）带灌浆缺陷预制混凝土试件的灌浆缺陷整治后，其承载力、延性及耗能能力均恢复至无灌浆缺陷预制混凝土对比试件的水平。

　　（3）本文选用的直接补灌法和破型修复法均可将带灌浆缺陷预制混凝土竖向构件的抗震性能提升至无灌浆缺陷对比试件的水平，可用于实际工程中的套筒灌浆缺陷整治。考虑到实施的便利性和经济性，应优先选用直接补灌法。

参考文献

[11-1] 李向民，肖顺，许清风，等．套筒灌浆缺陷整治预制混凝土柱抗震性能的试验研究 [J]．土木工程学报，2021，54（5）：15-26.

[11-2] 李向民，高润东，许清风，等．基于不同灌浆缺陷深度的套筒补灌整治方法：CN201910073217.8 [P]．2019，5.

[11-3] 中华人民共和国住房和城乡建设部．GB 50367—2013 混凝土结构加固设计规范 [S]．北京：中国建筑工业出版社，2013.

[11-4] PARK R. Ductility evaluation from laboratory and analytical testing [C]．Proceedings of the 9th world conference on earthquake engineering，Tokyo-Kyoto，Japan，1988，8：605-616.

[11-5] 中华人民共和国住房和城乡建设部．GB 50011—2010 建筑抗震设计规范（2016 年版）[S]．北京：中国建筑工业出版社，2016.

[11-6] 李向民，高润东，许清风，等．钻孔结合内窥镜法检测套筒灌浆饱满度试验研究 [J]．施工技术，2019，48（9）：6-8，16.

[11-7] 高润东，李向民，王卓琳，等．基于预埋钢丝拉拔法套筒灌浆饱满度检测结果的补灌技术研究 [J]．建筑结构，2019，49（24）：88-92.

[11-8] 高润东，李向民，许清风，等．基于 X 射线数字成像灰度变化的套筒灌浆缺陷识别方法研究 [J]．施工技术，2019，48（9）：12-16.

[11-9] 肖顺，李向民，许清风，等．套筒灌浆缺陷整治预制混凝土剪力墙抗震性能试验研究 [J]．建筑结构学报，DOI：10.14006/j.jzjgxb.2020.0538.

12 工程案例

套筒灌浆质量管控、检测评估与性能提升相关研究成果已被行业标准《装配式住宅建筑检测技术标准》JGJ/T 485—2019、上海市工程建设规范《装配整体式混凝土建筑检测技术标准》DG/T J08-2252-2018、中国工程建设标准化协会标准《装配式混凝土结构套筒灌浆质量检测技术规程》T/CECS 683—2020 等多项标准采纳。在标准指导下，研究成果已在上海军工路某项目、临港某项目、金地新桥某项目、银科虹桥某项目、上海自贸区某项目等多个工程中进行了成功应用。本章选择上海军工路某项目和上海临港某项目两个典型项目予以介绍。

12.1 上海军工路某项目

12.1.1 项目概况

项目名称：上海军工路某项目（图 12-1）。

建筑面积：总建筑面积约为 41.0 万 m^2。

结构及其连接形式：装配式混凝土剪力墙结构体系，以套筒灌浆连接为主。

图 12-1 上海军工路某项目效果图

12.1.2 灌浆前准备

12.1.2.1 技术培训

在上海军工路某项目装配式混凝土结构施工中，针对套筒灌浆编制了专项施工方案，对灌浆施工设备、材料存放、灌浆料进场检验、施工节点安排、灌浆工艺、灌浆质量控制措施及灌浆异常情况处理方法等均作出了明确规定，并在正式施工前对施工人员、监理人员、管理人员等进行了宣贯。

在整个灌浆过程中，严格执行相关规范及上海市建设工程安全质量监督总站发布的《关于进一步加强本市装配整体式混凝土结构工程钢筋套筒灌浆连接施工质量管理的通知》（沪建安质监〔2018〕47号文）的要求，做好灌浆令、灌浆施工记录表和旁站记录表等文件的签发和记录，以及灌浆过程视频的拍摄等工作。

除此之外，还创新提出了装配式混凝土结构预制构件"一件一档"全过程信息管理登记表，对预制混凝土构件从生产、出厂、进场、吊装、灌浆及检测等各个环节进行全面记录，包括编号、数据、照片等信息，使得每一个预制构件都有清晰、全面的记录档案。

12.1.2.2 小试件模拟灌浆

正式灌浆前进行小试件模拟灌浆并检测，基于发现的问题，进一步优化灌浆方案和检测方案。模拟灌浆出现了工程中常见的连通腔失效、出浆孔不出浆、出浆孔浆体回流、连通腔灌浆不饱满等问题（图12-2～图12-5），正式灌浆施工时必须采取必要的质量控制措施予以避免。

(a)整体失效　　　　　　　　　　(b)局部失效

图 12-2　灌浆压力大导致连通腔失效

(a)灌浆时左侧出浆孔始终不出浆　　　(b)内窥镜观测发现出浆孔处钢筋上没有浆体

图 12-3　钢筋偏位紧贴出浆孔导致出浆孔不出浆

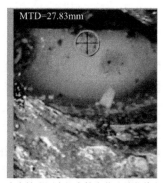

(a) 中间套筒灌浆孔最后封堵　　　　　　　(b) 内窥镜观测中间套筒出浆孔处浆体有回落

图 12-4　封堵不及时导致出浆孔浆体回流

(a) 超声法检测发现存在问题　　　　(b) 钻孔验证　　　　(c) 内窥镜观测钻孔内部
连通腔存在孔洞

图 12-5　随意更换灌浆孔导致连通腔灌浆不饱满

12.1.3　灌浆过程检测

12.1.3.1　抽样原则

综合参考《建筑工程施工质量统一验收标准》GB 50300—2013[12-1]、《建筑结构检测技术标准》GB/T 50344—2019[12-2]、《混凝土结构现场检测技术标准》GB/T 50784—2013[12-3] 等标准，依据划分的检测批确定抽样数量，抽样原则如下：以每幢楼每个单元为一个检测批，检测类别按国家标准《混凝土结构现场检测技术标准》GB/T 50784—2013[12-3] 中表 3.4.4 对 C 类的规定执行。抽样位置涵盖每层，并尽量分散，首层增加抽样数量；每一构件上的测点布置在距灌浆孔较远的位置。

在上海军工路某项目中，测点数量约占总量的 20%，覆盖了绝大部分预制构件；对于不在抽样范围内的预制构件，检测小组也全程监督灌浆并协助施工方进行影像拍摄。

12.1.3.2　现场检测

① 灌浆正常：直接检测，如图 12-6 所示。

② 灌浆过程中突发问题的临时处理：钢筋偏位过大，紧贴出浆孔，用冲击钻适度冲击使钢筋回位，然后灌浆并检测；个别地方漏浆，用堵漏王封堵，处理后继续灌浆并检测，如图 12-7 所示。

③ 连通腔爆浆：立即敲除并冲洗，干燥后重新封堵，封堵料满足养护龄期后重新灌浆并检测，如图 12-8 所示，如检测发现灌浆不饱满，同样需要立即进行二次灌浆。

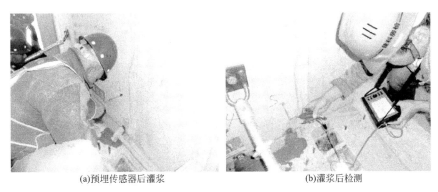

(a)预埋传感器后灌浆   (b)灌浆后检测

图 12-6 灌浆正常直接检测

(a)堵漏材料   (b)机电管线穿过部位堵漏

图 12-7 个别地方漏浆用堵漏王封堵

(a)用冲击钻敲除爆浆的封堵料   (b)用压力水冲洗浆体

图 12-8 连通腔爆浆后及时处理

12.1.3.3 检测记录

每次检测均出具检测速报，及时向建设方、施工方和监理方反馈检测结果。

12.1.3.4 检测结果分析

截至 2019 年 6 月 30 日，共对其中的 A3-01C 地块的 PC 构件套筒灌浆连接进行了 16 次检测（每次 1 天）。第 1 次、第 2 次检测时，一次性灌浆成功率不足 70%；根据检测方反馈，施工方对灌浆工艺进行改进，一次性灌浆成功率不断上升；最终一次性灌浆成功率稳定在 90% 以上（最后 2 次达到 95%）；所有一次性灌浆不成功的，经过及时二次灌浆能够达到 100% 满足要求。检测结果如图 12-9 所示。

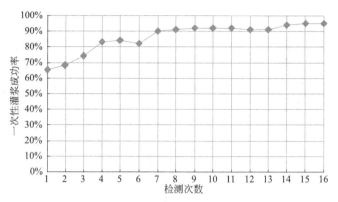

图 12-9　一次性灌浆成功率情况

12.1.4　灌浆后复核

采用钻孔内窥镜法对 A3-01C 地块中的套筒灌浆连接进行了检测复核。随机抽取了 6 个不同构件，每个构件抽取 1 个套筒，共 6 个套筒。其中 4 个套筒所在的构件均通过预埋传感器进行了灌浆质量控制，另有 2 个套筒所在的构件均没有通过预埋传感器进行灌浆质量控制。6 个套筒的灌浆质量复核结果均为饱满，如图 12-10 所示。

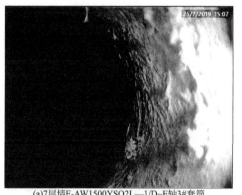

(a)7层墙E-AW1500YSQ2L—1/D~E轴3#套筒
(所在构件有预埋传感器)

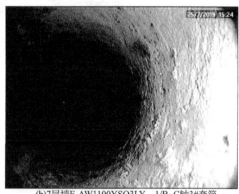

(b)7层墙E-AW1100YSQ3LY—1/B~C轴3#套筒
(所在构件有预埋传感器)

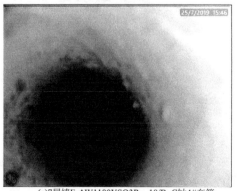

(c)7层墙E-AW1100YSQ3R—18/B~C轴4#套筒
(所在构件有预埋传感器)

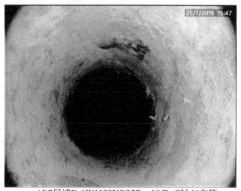

(d)7层墙E-AW1100YSQ3R—18/B~C轴4#套筒
(所在构件有预埋传感器)

图 12-10　钻孔内窥镜法复核套筒灌浆饱满情况

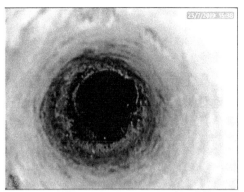

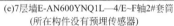
(e)7层墙E-AN600YNQ1L—4/E~F轴2#套筒
（所在构件没有预埋传感器）

(f)7层墙E-AW1500YSQ2R—18/D~E轴2#套筒
（所在构件没有预埋传感器）

图 12-10　钻孔内窥镜法复核套筒灌浆饱满情况（续）

12.2 临港某项目

12.2.1 项目概况

项目名称：临港某项目（图 12-11）。

建筑面积：总建筑面积约为 25.9 万 m^2。

结构及其连接形式：装配式混凝土剪力墙结构体系，采用套筒灌浆连接。

图 12-11　临港某项目效果图

12.2.2 检测方案

12.2.2.1 检测方法

每栋楼每层的套筒灌浆结束后不少于 3d，采用钻孔内窥镜法检测套筒灌浆饱满性。

12.2.2.2　抽样原则

根据委托方要求，按每栋楼的每一层划分检测批，参照现行国家标准《混凝土结构现场检测技术标准》GB/T 50784—2013[12-3] 表 3.4.4 中的检测类别 A 确定检测数量，具体检测数量见表 12-1。每栋楼每一层的具体检测位置由委托方或监理方指定，或经委托方、监理方授权后由检测单位随机选取。在检测过程中，通过速报的方式及时向建设方、施工方、监理方汇报检测结果，并建议对存在套筒灌浆不饱满的楼层及时进行整改。所有检测工作完成以后，给出检测结果及相关建议，并撰写检测咨询报告。

检测数量　　　　　　　　　　　　　　　　　　　　　表 12-1

房型	栋号	3～18 层每层套筒数量(个)	3～18 层每层抽样数量(个)
A-单	3、4、19、20、12、24	76	5
A-双	1、2、15、16、10、13、14、26、27、28	128	8
B-单	5、7、18、23	60	5
B-双	8、11、22、25	108	8
C	6、9、17、21	65	5

注：各楼栋均为 18 层，各楼栋的 1～2 层均为现浇结构。

12.2.3　现场检测及结果分析

经各方讨论，为更广泛地反映灌浆质量情况，每层尽可能多抽几片墙体并兼顾重要程度，故 1 片墙体一般只随机抽检 1 个套筒。当一层抽检 5 个套筒时，一般外墙抽 3 片，内墙抽 2 片；当一层抽 8 个套筒时，一般外墙抽 5 片，内墙抽 3 片。

具体到某个受检套筒，现场检测流程如下：

（1）首先确定套筒及其出浆孔的位置；

（2）钻头应对准套筒出浆孔，钻头行进方向应始终与出浆孔管道保持一致；

（3）在钻头行进过程中，应至少中断两次，进行清孔；

（4）当钻头碰触到套筒内钢筋或套筒内壁发出钢-钢接触异样声响，或钻头到达预先计算得出的指定深度时，应立即停止钻孔；

（5）停止钻孔后，应再次进行清孔；

（6）先将带前视镜头的内窥镜探头沿钻孔孔道下沿水平伸入套筒内部，观测灌浆是否饱满；

（7）如果前视镜头观测灌浆不饱满，再将带测量镜头的内窥镜探头沿钻孔孔道下沿水平伸入套筒内部，测量套筒内靠近出浆孔一侧的灌浆料界面相对测量镜头的深度，即为灌浆缺陷深度。

钻孔内窥镜法现场检测如图 12-12 所示，检测结果如图 12-13 所示。

该项目前期灌浆少许楼层后，采用钻孔内窥镜法进行首次检测，灌浆饱满套筒占比 60%～70%。首次检测后，召集参建各方研讨，分析灌浆存在的问题，提出了针对性的解决方案，并向灌浆施工方进行了详细交底。具体交底内容涉及构件吊装要求、构件底部接缝封堵要求、灌浆工艺提升措施、灌浆速度及出浆封堵要求、灌浆过程出现的各种异常情

| (a)钻孔 | (b)清孔 | (c)内窥镜检测 |

图 12-12　钻孔内窥镜法现场检测

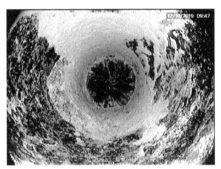

| (a)不饱满套筒前视图 | (b)不饱满套筒测深图 | (c)饱满套筒前视图 |

图 12-13　钻孔内窥镜法检测结果

况的处理方法、灌浆小组必备工具等各个方面。交底后，灌浆施工方开展第二阶段灌浆，随后开展第二阶段检测，灌浆饱满套筒占比超过 85%。根据第二阶段检测结果，持续改进提升，之后每个阶段检测灌浆饱满套筒占比均稳定在 90% 以上。特别是最后一个阶段，共检测 230 个套筒，其中，226 个灌浆饱满，只有 4 个不饱满，灌浆饱满套筒占比达到 98.3%。

12.2.4　补灌处理及复测

　　根据具体检测结果，建议对存在套筒灌浆不饱满的楼层及时进行整改，对灌浆不饱满的套筒提出了通过出浆孔孔道注射补灌修复灌浆缺陷的方案。施工方整改并补灌后，选择部分典型位置的套筒，除了在套筒出浆孔钻孔复测外，还在套筒中部靠近原灌浆缺陷底部的位置钻孔进行检测校核，检测结果证实补灌饱满密实，具体如图 12-14 所示。根据课题组前期研究[12-4~12-7]，通过补灌可完全恢复装配式混凝土结构的受力性能。

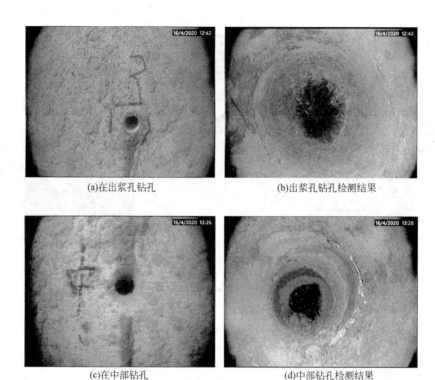

| (a)在出浆孔钻孔 | (b)出浆孔钻孔检测结果 |
| (c)在中部钻孔 | (d)中部钻孔检测结果 |

图 12-14　钻孔注射补灌后检测结果

12.3　本章小结

（1）事中检测推荐采用预埋传感器法，检测发现套筒灌浆不饱满时，可及时进行二次灌浆，从而实现了检测与质量管控的一体化，显著提升施工质量。

（2）事后检测推荐采用钻孔内窥镜法，钻孔孔道为后续注射补灌修复灌浆缺陷创造了条件，从而可以实现检测与性能提升的一体化。另外，事后采用钻孔内窥镜法进行检测，检测位置可随机抽取，对灌浆施工形成了显著的监督作用。

（3）大量实际工程检测结果表明，在当前施工及管理水平下，为有效保证灌浆质量，检测技术的介入非常必要。建议在工程现有各方基础上，引入第三方质量安全测评机构，进一步促进套筒灌浆的施工过程管控和施工质量提升。

参考文献

[12-1] 中华人民共和国住房和城乡建设部．GB 50300—2013 建筑工程施工质量统一验收标准［S］．北京：中国建筑工业出版社，2013.

[12-2] 中华人民共和国住房和城乡建设部．GB/T 50344—2019 建筑结构检测技术标准［S］．北京：中国建筑工业出版社，2019.

[12-3] 中华人民共和国住房和城乡建设部．GB/T 50784—2013 混凝土结构现场检测技术标准［S］．北京：中国建筑工业出版社，2013.

[12-4] 高润东，李向民，王卓琳，等．基于预埋钢丝拉拔法套筒灌浆饱满度检测结果的补灌技术研究 [J]．建筑结构，2019，49（24）：88-92.

[12-5] 李向民，高润东，许清风，等．装配整体式混凝土结构套筒不同位置修复灌浆缺陷的试验研究 [J]．建筑结构，2019，49（24）：93-97.

[12-6] 肖顺，李向民，许清风，等．套筒灌浆缺陷整治预制混凝土剪力墙抗震性能试验研究 [J]．建筑结构学报，DOI：10.14006/j.jzjgxb.2020.0538.

[12-7] 李向民，肖顺，许清风，等．套筒灌浆缺陷整治预制混凝土柱抗震性能的试验研究 [J]．土木工程学报，2021，54（5）：15-26.

13

总结与展望

13.1 总结

2016 年 9 月 30 日发布的《国务院办公厅关于大力发展装配式建筑的指导意见》（国办发〔2016〕71 号），要求力争用 10 年左右的时间，使装配式建筑占新建建筑面积的比例达到 30%。2016 年我国装配式建筑新开工建筑面积为 1.14 亿平方米，2017 年为 1.60 亿平方米，2018 年为 2.89 亿平方米，2019 年则达到 4.18 亿平方米，装配式建筑在我国呈现快速发展趋势，且大部分为装配式混凝土结构。装配式混凝土结构竖向预制构件（剪力墙或框架柱）绝大多数都采用钢筋套筒灌浆连接，且关键受力部位纵筋往往 100% 采用套筒灌浆连接。连接是装配式混凝土结构的核心关键，也是装配式混凝土结构整体性能"等同现浇"的重要保证，因此，保证钢筋套筒灌浆连接的施工质量至关重要。

课题组在国内外研究基础上，结合实地调研归纳总结了套筒灌浆的常见问题，提出了套筒灌浆质量管控的主要措施，研发了预埋传感器法、预埋钢丝拉拔法、钻孔内窥镜法、X 射线数字成像法等四种适用的套筒灌浆质量检测方法，系统研究了套筒灌浆缺陷对接头和预制构件受力性能的影响，开发了套筒灌浆缺陷修复补灌技术，形成了套筒灌浆质量管控、检测评估与性能提升的成套技术，研究成果已被多部技术标准采纳，并在大量实际工程中得到成功推广应用。

课题组取得的主要研究成果总结如下：

1. 在套筒灌浆质量管控方面

（1）预制构件生产过程中应防止套筒内堵塞；预制构件出厂和进场时均应进行套筒通透性检查；预制构件安装过程中应防止套筒内和连通腔内堵塞；预制构件安装就位后灌浆前应再次进行套筒通透性检查，特别要注意检查套筒内下段钢筋有无割短或割断现象。

（2）灌浆料产品及其拌合工艺应符合标准要求；灌浆过程中必须采取有利的质量管控措施确保灌浆饱满密实，如发现灌浆不饱满应及时进行补灌。

（3）套筒灌浆饱满度监测器可监测套筒内灌浆是否饱满，且能对套筒内浆体回落起到有效补偿作用。如果同一片墙体所有套筒均安装监测器，当监测器竖管中浆体高度大于 0 时，可以判断对应套筒灌浆饱满；如果同一片墙体部分套筒安装监测器（不少于 20%），未安装监测器的套筒仍存在灌浆不饱满的可能。实际应用时，建议灌浆后监测器竖管中浆体高度应达到竖管高度一半或以上，且间隔5min后浆体高度保持不变或回落位置不超过竖管高度一半，如不满足应随即进行二次灌浆。

2. 在套筒灌浆饱满性和密实性检测方面

（1）预埋传感器法：灌浆前在套筒出浆孔预埋阻尼振动传感器，灌浆过程中或灌浆结束后5~8min，通过传感器数据采集系统获得的振动能量值来判定灌浆饱满性的方法。实验室4批96个测点和6项实际工程近8000个测点表明，预埋传感器法简单易行、易于判别，现场检测灌浆不饱满可随即进行二次灌浆，从而实现了检测与质量管控的一体化，可有效提升套筒灌浆的施工质量。

（2）预埋钢丝拉拔法：灌浆前在套筒出浆孔预埋光圆高强不锈钢钢丝，灌浆结束后自然养护3d，对预埋钢丝进行拉拔，通过拉拔荷载值来判定灌浆饱满性的方法。实验室3批86个测点和5项实际工程近400个测点表明，预埋钢丝拉拔法简单易行，钢丝和检测设备价格便宜，按照所提出的判定准则可迅速做出判断。

（3）钻孔内窥镜法：在套筒出浆孔钻孔形成孔道，然后通过内窥镜测量灌浆料界面深度值来判定灌浆饱满性的方法；当套筒出浆孔不具备钻孔条件时，也可在套筒筒壁合适位置处钻孔检测套筒灌浆饱满性。实验室5批123个测点和7项实际工程近1600个测点表明，钻孔内窥镜法简单直观、无需预设条件，可对灌浆缺陷进行三维空间成像并定量测量缺陷深度，特别是钻孔孔道为后续注射补灌修复灌浆缺陷创造了条件，从而实现了灌浆检测与性能提升的一体化。

（4）X射线数字成像法：用X射线透照预制混凝土构件，通过平板探测器接收图像信息并进行数字成像来判定套筒灌浆饱满性和灌浆密实性的方法。实验室4批36个测点和5项实际工程近90个测点表明，X射线数字成像法适用于200mm厚预制剪力墙和310mm厚预制夹心保温剪力墙，可透照套筒全貌且成像比较清晰，按照所提出的归一灰度值判别法可较准确地识别灌浆缺陷的位置与范围。另外，X射线数字成像法还可对套筒内钢筋锚固长度是否满足要求进行检测，包括钢筋是否被截断。

以上四种检测方法基本要求如表13-1所列。

四种检测方法基本要求列表　　　　　　　　　　表13-1

序号	检测方法	检测指标	检测条件	备注
1	预埋传感器法	饱满性	事先预埋阻尼振动传感器，灌浆结束后5~8min检测	如检测套筒灌浆不饱满，应立即进行二次灌浆
2	预埋钢丝拉拔法	饱满性	事先预埋光圆高强不锈钢钢丝，灌浆结束后3d检测	钢丝拉拔前应避免受到扰动
3	钻孔内窥镜法	饱满性	灌浆结束后不少于3d检测	钻孔时应避免损伤套筒内部钢筋
4	X射线数字成像	饱满性、密实性	灌浆结束后不少于7d检测	现场应做好X射线防护工作

实际应用时，事中推荐预埋传感器法，事后推荐钻孔内窥镜法，必要时可用X射线数字成像法或局部破损法进行校核，预埋钢丝拉拔法则适用于事中预埋、事后检测。

3. 在套筒灌浆缺陷对接头和预制构件受力性能的影响方面

（1）当套筒端部灌浆缺陷长度不超过套筒内一侧钢筋锚固长度（8d）的30%时，其接头的单向拉伸强度仍满足要求。综合高应力反复拉压和大变形反复拉压试验结果后，当端部灌浆缺陷长度不超过套筒内一侧钢筋锚固长度（8d）的 20％时，灌浆缺陷对套筒接头的受力性能没有影响。

（2）当灌浆缺陷位于灌浆套筒内一侧钢筋锚固段中部时，对于常用的 GTZQ4-14、GTZQ4-20、GTZQ4-25 接头，当缺陷长度分别不超过套筒内一侧钢筋锚固长度（8d）的 20％、20％、15％时，接头单向拉伸强度仍满足要求。综合高应力反复拉压和大变形反复拉压试验结果后，当中部灌浆缺陷长度超过套筒内一侧钢筋锚固长度（8d）的 10％时，灌浆缺陷会对套筒接头的受力性能产生不利影响，低于 10％的情况尚需通过试验进一步验证。

（3）无论是全灌浆套筒还是半灌浆套筒，对于保证接头外钢筋拉断破坏的近似最大缺陷长度，中部缺陷最大长度约为端部缺陷最大长度的 50％～66.7％，中部缺陷对接头性能的不利影响更大。

（4）采用水泥代替灌浆料、水泥砂浆包裹钢筋厚度超过钢筋肋高、灌浆料水灰比达到正常水灰比的 1.35 倍及以上等异常情况下，钢筋套筒灌浆连接接头试件单向拉伸性能均不满足标准要求。

（5）当灌浆缺陷高度较大时，灌浆缺陷将对预制混凝土柱和预制混凝土剪力墙的滞回特性、承载力、延性与耗能能力等均产生明显不利影响。

4. 在套筒灌浆缺陷修复补灌技术方面

（1）预埋传感器法检测发现套筒灌浆不饱满时，应进行二次灌浆。采用连通腔灌浆时，宜优先从原连通腔灌浆孔进行二次灌浆，从原连通腔灌浆孔无法进行二次灌浆时，可从不饱满套筒的灌浆孔进行二次灌浆；采用单独套筒灌浆时，应从不饱满套筒的灌浆孔进行二次灌浆；二次灌浆应在从首次灌浆开始算起的 30min 内完成；二次灌浆完成后应进行复测。

（2）钻孔内窥镜法检测发现套筒灌浆不饱满时，可采用注射器外接细管通过钻孔孔道进行注射补灌。注射补灌时，钻孔孔道的内径与注射器外接细管的外径之差不应小于 4mm；注射过程中，注射器内灌浆料液面最低位置应始终高于套筒出浆孔位置，确保补灌饱满密实；注射补灌后可根据需要采用钻孔内窥镜法进行复测。

（3）预埋钢丝拉拔法或 X 射线数字成像法检测套筒灌浆不饱满时，也可以通过注射补灌技术进行补灌。

（4）应用注射补灌技术修复预制混凝土柱和预制混凝土剪力墙套筒灌浆缺陷后，预制构件的承载力、延性、刚度与耗能能力等均可恢复至无灌浆缺陷预制构件的水平。

13.2 展望

装配式混凝土结构采用钢筋套筒灌浆连接方式，在国外已经有五十多年的应用历史。工程实践已证明，钢筋套筒灌浆连接是一种可靠的连接方式，与其他连接方式相比，依旧具有旺盛的生命力，而且一定程度上具有不可替代性。在国内，钢筋套筒灌浆连接方式应用时间相对较短，但综合比较现有的各种连接方式，其优势仍比较明显。目前，建筑工业化和智能建造是我国建筑业的大势所趋，钢筋套筒灌浆连接仍将发挥非常重要作用，值得结合我国工程实际继续深入研究。

　　在现有国内外研究基础上，后续可结合 5G（5th Generation）通信、人工智能、大数据等新技术，建立实际工程中套筒灌浆缺陷的数据库。对预埋传感器法、预埋钢丝拉拔法、钻孔内窥镜法和 X 射线数字成像法等方法进行优化升级，并积极研发更为简单、实用、无损的检测和质量提升方法，进一步提高套筒灌浆质量检测的精度与效率。深入研究科学合理的套筒灌浆质量检测的抽样原则、抽样方法与抽样数量，开展灌浆缺陷对结构整体性能的影响研究，提出基于抽样方法及灌浆缺陷的装配式混凝土结构性能评估方法。研发套筒灌浆施工工艺提升方法，开展装配式混凝土结构套筒灌浆全过程咨询研究，为全面提高我国装配式混凝土结构的建造质量提供关键技术支撑。